创新型职业教育课程改革示范教材
“互联网＋教育”新形态一体化教材

职业素养教育

主　编　唐　冰　刘国伟　邹　勤
主　审　全德宇
副主编　刘进富　郭　雄　张青松
　　　　吴海鹏　黄志鹏　徐筠桢
编　委　黄风锦　毛荣翠　冯　涛　邓秋丽
　　　　付　雷　杜典翼　陈华武　卢　红
　　　　罗开慈　罗　连　曾凡敏　魏　贤
　　　　夏莉莉　陈　萍　王恩金　谢家宁

湘潭大学出版社

图书在版编目（CIP）数据

职业素养教育 / 唐冰，刘国伟，邹勤主编．-- 湘潭：湘潭大学出版社，2022.4
ISBN 978-7-5687-0768-8

Ⅰ．①职… Ⅱ．①唐… ②刘… ③邹… Ⅲ．①职业道德－中等专业学校－教材 Ⅳ．①B822.9

中国版本图书馆 CIP 数据核字（2022）第 075101 号

职业素养教育
ZHIYE SUYANG JIAOYU
唐冰 刘国伟 邹勤 主编

责任编辑：丁立松
封面设计：吕冠超
出版发行：湘潭大学出版社
社　　址：湖南省湘潭大学工程训练大楼
电　　话：0731-58298960 0731-58298966（传真）
邮　　编：411105
网　　址：http://press.xtu.edu.cn/
印　　刷：保定新华印刷有限公司
经　　销：湖南省新华书店
开　　本：787 mm×1092 mm 1/16
印　　张：12
字　　数：248 千字
版　　次：2022 年 4 月第 1 版
印　　次：2023 年 1 月第 1 次印刷
书　　号：ISBN 978-7-5687-0768-8
定　　价：39.80 元

前　言

“凡事预则立，不预则废。”对学生而言，从入学伊始即接受职业素养教育，围绕着个人生涯发展自觉培养自身的职业素养是时代和社会的需求。《教育部等七部门关于进一步加强职业教育工作的若干意见》指出：职业教育在办学指导思想上要坚持以服务为宗旨，以就业为导向，面向市场和社会办学；职业院校要全面实施素质教育，加强学生思想道德建设，加强就业教育和职业指导工作，引导学生转变观念，同时也要为学生提供就业服务，把毕业生就业率作为衡量办学质量和效益的重要指标。相关素质教育课程教学大纲要求：加强职业意识、职业素养和就业教育，引导学生树立正确的就业观、择业观，形成良好的职业素养，加强就业服务的水平与质量。基于此，我们编写了《职业素养教育》一书。

《职业素养教育》一书从实用的角度出发，围绕“如何帮助学生提高自身的职业素养”这一主题进行内容的编排，本书全面系统地介绍了职业素养的相关知识，内容涵盖职业素养、职业道德、职业意识、职业理想、职业行为、职业技能等内容。通过学习本书，学生能够对职业素养有正确的认识，自觉树立提升职业素养的意识，并在日常学习生活中积极实践，为将来走向职场及提升职业竞争力做好准备。

本书积极践行“课堂思政，立德树人”的理念，将思政元素贯穿于知识讲解中，以培养学生正确的世界观、人生观和价值观。本书体例丰富多样，每个模块都包括“学习目标”“思政目标”“案例导入”“知识拓展”“素养训练”等多个部分，增强了本书的趣味性和实用性。其中，“学习目标”可以帮助学生明确学习要点；“思政目标”引导学生树立正确人生观、价值观；“案例导入”用于引出章节的学习内容；“知识拓展”引入新的知识点，吸引学生兴趣；“素养训练”主要通过各种实践活动检验和巩固学生的学习成果。

本书在编撰的过程中，引用了许多专家学者的著作和研究成果，在此，表示衷心的感谢！由于本书作者学识有限，时间仓促，书中难免有不当之处，恳请各位专家、广大师生批评指正。

编　者

2022 年 3 月

目录
CONTENTS

第一章
职业素养　成就未来

学习目标

◆ 熟悉职业的分类；
◆ 认知职业素养；
◆ 了解职业素养的基本要素；
◆ 掌握学生职业素养培养内容。
◆ 熟悉职业的分类；
◆ 认知职业素养；
◆ 了解职业素养的基本要素；
◆ 掌握学生职业素养培养内容。

思政目标

能够意识到职业素养对人生的价值，自觉培养自身的职业素养。

案例导入

学习机电应用技术专业的小李从某学校毕业后，来到一家纺织厂当了一名机修工人。由于他聪明好学，苦练基本功，因此，他在全厂技术大比武中一举夺魁，赢得厂领导和工人们的一致好评，被提拔为车间主任。后来，公司购买了30多台缝纫机，成立了服装加工厂，他被任命为厂长。为了提高业务素质和管理能力，他利用业余时间参加培训，学习了服装剪裁与制作，获得了服装设计定制工初级证书。他在实践中勤学苦练，设计和裁剪的服装样式新、款式好，制作质量高，在市场之中小有名气。后来，他参加了成人高考，被广播电视大学录取，学习经济管理专业，利用业余时间完成了学业，获得了大学文凭。随着服装市场逐步繁荣，竞争也日趋激烈，小李领导的服装厂因经营规模小，人员素质差，技术设备落后而停产，纺织厂也不景气，夫妇俩的工资不仅越来越少，而且不能按时领到。面对生活的困境，小李没有退缩，又学习了汽车驾驶，考取了汽车驾驶证，向亲朋好友借钱买了汽车，成为一名出租车司机。由于他有机电应用技术专业的基础，经过培训，成功考取了汽车维修工的证书，他平时不但维修自己的汽车，降低运营成本，把车保养得十分出色，还能帮同行们排除汽车故障。他多次被评为“市十佳出租车司机”。

运营中他看到出租车行业竞争日益激烈，而旅游业渐渐成为新的热门行业。于是，他将出租车转租给别人，又投资购买了一辆中巴车做起了旅游行业，妻子通过培训和自学也拿到了导游证。经过多年的经营，小李又购进了两辆大客车，成立了旅游公司，并担任公司经理。由于他的服务态度好，服务质量高，赢来了很多回头客，公司也不断营利。如今，小李正在思考它的下一步发展计划：与宾馆、饭店、商场进行联营；积极引进现代管理手段，努力提高员工素质；利用业余时间学习旅游专业，提高自己的业务水平；搞好公司经营管理，在五年内发展成集旅游、购物、休闲、娱乐等多种服务为一体的旅游公司。

【思考】

职业的内涵是什么？职业的作用是什么？如何提升自己的职业素养？

第一节　走进职业世界

一、职业概述

（一）职业的内涵

职业是人们在社会中所从事的作为主要生活来源的工作。职业通常又称为工作岗位，如工人、医生、教师、军人等。这些工作岗位由于性质、任务、对象和工作方式的不同，我们称之为不同的职业。人，一般都要在某种职业岗位上工作，这就是每个人都成为社会大机器中的一个部件，受到社会方方面面的影响，同时也以不同的工作方式为社会做着贡献。从个人的角度来讲，职业是一个人生存的方式，是其生活的物质基础。从社会的角度来讲，职业是构成社会存在的基础，是社会运行的一种具体形式。可以说，职业反映着个人与社会两个方面的内容，是个人与社会互动的范畴。

职业就是指人们为了谋生和发展而从事的相对稳定的，获得经济收入及报酬的专门类别的社会劳动。人们由于特定的社会分工而形成的具有专门业务和特定职责的社会劳动，就是职业。由此可以看出，职业由三个最基本的要素构成：个人付出劳动；有固定的报酬或收入；要承担一定的职责并得到社会的承认。因此，职业能反映出一个人的社会身份、社会地位和自身的文化、能力、素质水平等。

图 1–1　专业性工人

（二）职业的特性

职业具有专业性、多样性、技术性、时代性等特性。

1. 专业性

专业性是指不同的职业在劳动内容、劳动方式、劳动手段等方面所具有的专门的特点。例如，农民在田间从事农产品的生产劳动；工人根据设计图纸、工艺流程使用机器设备加工产品（图 1–1）；美发师以美发、理发为主要劳动内容。

2. 多样性

多样性是指职业存在于社会的政治、经济、文化、教育、军事、外交等一切领域，在每个领域中又有各种不同的种类，如经济师、外交官、演员、作家、军人等。随着社会的进步，社会分工越来越细，职业种类越来越多，职业差别也越来越大，呈现出多样性特点。在新世纪里，在知识经济的推动下，我国的产业结构必将发生重大变化，随之会产生许多新行业，增加许多新职业。

职业的特征

3. 技术性

技术性是指不同职业都有自己的知识经验、技能技巧，如工程技术人员测量绘图，医务人员救死扶伤，教师教书育人，军人保卫国家等。在现代社会里，每个人要从事某种职业，都必须经过较长时间的知识、技能、技巧方面的学习与训练。

4. 时代性

时代性有两个方面的含义：一是指职业随着时代的变化而变化，即一部分新兴职业替代一部分过时的职业。二是每一个社会都有自己的“时尚”职业，它表现为社会上人们所热衷的职业。例如，在科学技术日新月异的今天，电子、能源、通信、生物、机械等行业中诞生了许多新兴行业或行业分支，如计算机、激光、原子能、机器人、遗传工程、基因工程、宇航、光纤通信等，由此产生了众多的需要新知识、新技能的新兴职业群（图 1–2）。

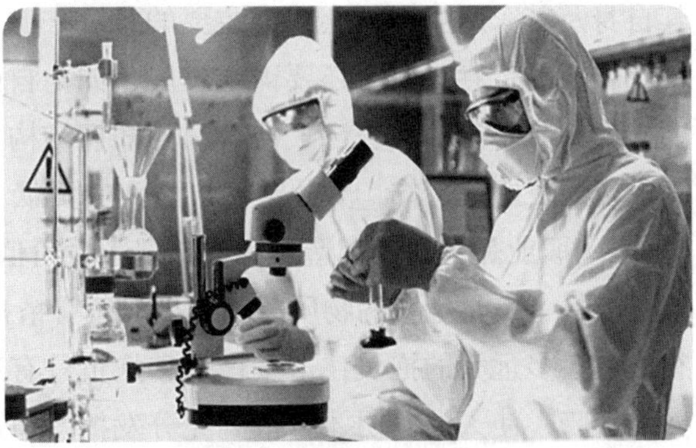

图 1–2　生物科研新兴行业

5. 社会性

职业充分体现了社会分工，是社会生产力发展的产物。每一种职业都体现了社会分工的细化，体现了对社会生产和社会进步的积极作用。社会成员在一定的社会职业岗位上为社会整体做贡献，社会整体也以全体社会成员的劳动成果作为积累而获得持续的发展和进步。

6. 经济性

职业活动以获得谋生的经济来源为目的，劳动者在承担职业岗位职责并完成工作任务的过程中来索取报酬，获得收入。一方面，这是社会企业及用人部门对劳动者付出劳动的回报和代价；另一方面，劳动者以职业活动来维持家庭生活，是保证整个社会稳定的基础。

7. 稳定性

任何一种职业都要经历一个从酝酿到形成，从发展到完善再到消亡的变化过程。一般来说，职业赖以存在的社会条件的变化是比较缓慢的，职业的生命周期具有相对的稳定性。但这种稳定性是相对的，现代社会经济、科技和文化的快速发展，特别是科学技术的日新月异，都会促使原有的职业活动发生变化。

（三）职业的作用

职业是人们生存和发展的某种途径，是实现人生价值的舞台。职业对人生有着极为重要的作用。具体表现在以下几个方面：

1. 职业是劳动者生存发展的基础

人类在劳动中产生社会分工，在此基础上形成了职业，人们通过职业为社会奉献劳动，社会按照一定的标准付给劳动者报酬，这些报酬成为劳动者及其家庭成员生存和发展的主要的经济来源。职业是有报酬的劳动，是人们谋生的基本手段。社会依据人们的职业岗位的不同、劳动复杂程度的不同、劳动科技含量的不同，给予劳动者的报酬也不同。不同的劳动报酬决定着劳动者及其家庭生活水平和生活质量的高低。一旦劳动者失业，其自身及其家庭生活就会失去主要的经济来源，生活就会出现困难。劳动者通过职业，不仅要求能生存，而且还要谋求发展，如为自己的生活、子女的教育进行投入等。这就要求人们要不断充实自己，使自己的知识结构、业务技能和社会能力不断得到改善和提高，以便更好地工作，为社会做出更大的贡献。

2. 职业是劳动者创造和实现自己人生价值的舞台，是实现社会理想的桥梁

人除了满足生存的物质需求之外，还有精神上的追求。大家都曾有各种各样的理想，有许许多多远大的抱负，这些理想和抱负只有通过职业才能得以实现。职业活动使理想插上翅膀，使人的聪明才智得到充分发挥。通过职业，人们获得一定的社会角色，得到社会承认；人生的价值也正是在为社会做出贡献的过程中更好地得以体现。这种体现表现为得到社会的承认和好评。俗话说，天道酬勤，你对社会的贡献越大，社会给你的回

报就越多。在职业这块土壤上，人们挥洒汗水，播下智慧的种子，收获成功的果实。只有在职业的舞台上，才能展示劳动者的个性，使其潜能得到充分的发挥，最大限度地实现自己的人生价值。

总之，职业不仅是我们谋生的手段，而且是为社会做贡献的岗位，是实现人生价值的舞台。职业对人生的这些作用是相互联系、密不可分的，其中“谋生”是基础，“实现价值”是追求，“奉献”是目的。

二、职业的演变

（一）职业的产生与发展

职业是人类社会发展到一定阶段的产物，是随着社会分工的出现而产生的。

原始社会生产水平很低，劳动没有固定的分工，所以不存在职业。到原始社会后期，随着生产力的发展，出现了畜牧业与农业的分离，手工业与农业的分离，继而又出现了专门经营畜牧业、农业和手工业产品交换的商业。由于有了这些社会分工，才出现了人类社会最初的职业，如农夫、牧人、工匠、商人等。

进入奴隶社会，随着生产力的进一步发展，出现了大量的剩余产品，使社会上一部分人有可能脱离体力劳动，依靠别人的剩余产品来生活。于是奴隶主和富商们完全摆脱了体力劳动，其中一部分人专门从事管理国家，组织生产等活动。这样就出现了体力劳动和脑力劳动的分工，因而职业的种类也就有所增加。

随着封建社会农业经济和社会的发展，冶铁、纺织、陶瓷、造纸、印刷、造船、酿酒、制糖、制茶、漆器和武器制造等手工业得到了进一步发展，商业、自然科学、文学艺术等领域也有了很大进步。除了奴隶社会已经出现的农民、手工业者、商人和生产管理者外，又出现了诸如艺术家、诗人、文学家、科学家、医生、教师等新的职业。在新行业产生与兴旺的同时，一些旧的、落后的行业就逐渐消失了，如冶铁技术的兴起和发展，逐渐将青铜铸造业挤出了历史舞台，从事青铜铸造业的人们就改行从事了其他的职业。

进入资本主义社会后，工业革命使人类进入现代工业社会，科学技术的广泛运用促使生产力迅速发展，社会分工越来越细，产生了许多前所未有的职业，如织布机的出现以及圈地运动使成千上万的农民离开了土地成为纺织行业的工人。

职业的变化和增多使新旧职业更替的速度加快，人们必须不断学习，掌握专业技能，终身接受教育，才能适应职业的快速变化。

（二）职业演变的特点

随着生产力的发展和社会分工的变化，职业从产生以来一直处在不断地更新过程中，有的兴起，有的消失，有的繁荣发达，有的凋零衰败，各自经历着不同的命运。但从总体上看，职业演变呈现以下特点：

1. 职业种类不断增加

在职业产生初期，职业种类少，发展缓慢。但随着社会以及科技的发展，出现了许多新的职业，如汽车美容、科技咨询、经纪人等。

2. 职业种类更新加快

社会的进步和科技发展速度的加快，使新职业不断产生，旧职业不断衰退。例如，20世纪中期，晶体管收音机进入各家各户，从事晶体管生产的人员非常多，如今在家庭生活中，人们使用的是计算机和音像等设备，所以晶体管收音机的生产和从业人员随之减少，而从事计算机行业的人员空前增多。

3. 职业发展精细化

职业分工由简单到精细，一种职业又被细分为多种职业，例如，过去，农民是指从事作物种植的农业劳动者，而现在则划分为农艺工、果树工、蔬菜工、桑园工、蚕虫工、茶园工等许多种。

4. 职业的内容不断弃旧更新

同样的职业在不同的年代，工作内容会有很大的变化，旧的业务知识、技术方法过时了，逐步被新的业务知识、技术方法所取代。例如，过去用铅版印刷时，印刷工人需要有铸字工、拣字工、排版工、打纸型工、印刷工等一系列工种；现在绝大多数印刷厂用电子计算机排版代替了铅版，胶印代替了铅印，使印刷工人的工作内容有了根本性的改变。

5. 职业的专业化增强，且呈现综合化和多元化的特点

随着科学技术的发展，有些职业的专业化越来越强，若不具备一定的专业能力，就不能适应职业的岗位需要。职业除了专业性越来越强以外，开始向综合化、多元化方向发展，打破了以往每种职业都有相对固定范围的界限的局面，职业与职业之间相互交叉延伸，界限逐渐趋于模糊。

6. 职业结构在调整，第三产业的数量大量增加

第二次世界大战前，三大产业结构之间的比重升降不剧烈。随着科学技术水平的提高，就业人口所占比例中，第一产业（指广义的农业，包括种植业、畜牧业、渔业和林业等）逐年下降，第二产业（指广义的工业，包括制造业、采掘业、建筑业等）稳中有降，第三产业（指广义的服务业，包括运输业、通信业、商业贸易、金融业、旅游业、饮食业、仓储业、房地产业、文化产业等）逐年上升。随着第一、第二产业劳动的机械化、自动化程度的提高，将会有大量的劳动者充实到第三产业中，第三产业就业人数占全部就业人数的比例将不断提高。

（三）职业的未来发展趋势

21世纪，人类社会进入知识经济时代，产业结构、行业结构、社会结构以及由此决定的职业结构发生了巨大变化，职业越来越呈现出高科技化、智能化、专业化和综合化

的发展趋势。职业的高科技化是指随着科学技术的迅速发展，与高新技术有关的职业将得到发展，高新技术的主要特点是高效益、高智力、高投入、高风险。我国高新技术及其产品分为九类：

（1）电子与信息技术；

（2）信息医药技术；

（3）新材料技术；

（4）光电一体化技术；

（5）新电源、高新节能技术；

（6）环境保护技术；

（7）航天航空技术；

（8）地球空间及海洋技术；

（9）核应用技术。

在我国加快高新技术发展政策的实施过程中，这些高新技术产业将得到进一步发展，并会促进社会职业的增多，为就业提供新的机遇。

随着我国国民经济和社会的发展，全方位地对经济结构进行战略性的调整，必将带来一系列职业的变化，而且在未来的职业发展中，也将为人们提供就业、创业的广阔舞台，创造良好的发展机遇。在一个不断变化的世界中，没有一种或一组技能和知识能为你服务一辈子，因此，现在最重要的技能是学会如何学习。对于在各类职业学校学习的在校生来说，应该对未来职业的变化发展做好充分的认识和思想准备，为自己的未来发展准确定位，以便更好地适应社会发展的需要。

活动设计

梦想九宫格

1. 实践目的

帮助学生了解就业方向，增强对自身专业的认识，明确未来就业的选择。

2. 实践目标

（1）了解自己的梦想。

（2）了解自身对自己专业的认识有多少。

（3）明确自身未来想从事的专业。

（4）懂得为了实现自身的专业理想自己要从哪些方面努力。

3. 实践准备

（1）“梦想九宫格”卡（图 1–3）每人一张。

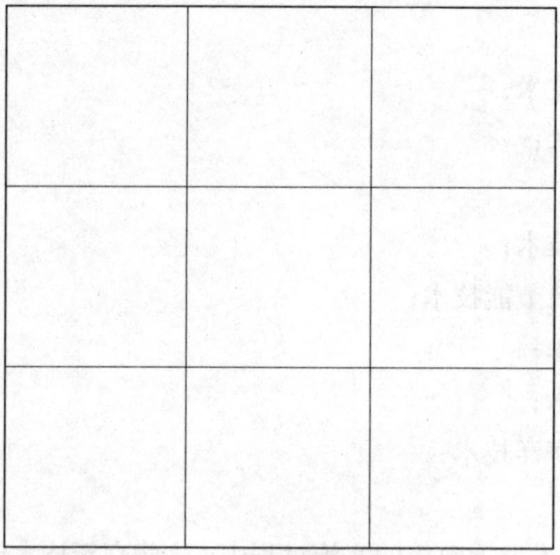

图 1–3　我的梦想九宫格

（2）绘画笔每人一支。

（3）空白 A4 纸每人一张。

4. 实践过程

（1）上课时，请同学们随机组成 7 人左右的小组。

（2）小组成员尽量围绕而坐，每个小组选出一名小组长主持活动。

（3）让每个小组成员以“我的职业规划”为主题，在“梦想九宫格”卡中按照顺序一格一格地把自己脑海中浮现的事物自由地画出来，从右下角按逆时针顺序画到中心，或者从中心开始按顺时针顺序画到右下角。实在不能用图表达时，用文字、符号也可以。画完以后请为整幅画取个名字，再为每一幅画取个名字，请在 20 分钟内完成，不要随意涂擦。

（4）画完以后由组长组织组员思考下列问题：

①按照你画画的顺序，讲一讲每幅画的内容。

②挑出你觉得最有意义的一幅画。

③九幅画作为一个整体，你如何看待自己的这幅作品？

④ 20 分钟的作画时间，你的内心都联想到了什么？

⑤写出画画的收获和感受，尤其是职业和性格之间的关系。

（5）完成第 4 步后，再次请每位小组成员谈谈自己在听了别人的想法之后有什么心得体会。

（6）小组内选出代表在班上分享。

（7）教师进行活动总结点评。

第二节 认知职业素养

一、职业素养概论

◢ 案例

某学校在田径运动场举办2021年迎新晚会。相关职能部门负责人及2021级新生参加活动。

晚会以“相约校园 梦想启航”为主题，唱响爱党、爱国、爱社会主义主旋律，将党史学习教育融入多彩文艺活动中，通过朗诵、合唱、舞蹈、武术、话剧等多种艺术形式，为观众带来一场视听盛宴和精神洗礼，展现了学校绮丽多姿的校园文化生活和新时代学生的青春风采。

晚会在激情高昂的开场秀歌曲和舞狮表演中拉开序幕，各类师生才艺形式展示轮番登场，精彩纷呈，高潮迭起。校合唱团以嘹亮的歌声合唱《唱支山歌给党听》，唱出了对党的无限忠诚和坚定的理想信念，唱出了对党诚挚的爱和火热的情感。晚会在大合唱《我的中国心》中落下帷幕，全场师生集体向祖国深情告白，寄托对伟大祖国的深深热爱。

2021年是中国共产党成立100周年，学校始终坚守立德树人初心，加强校园精神文明建设，营造积极进取、温馨和谐的校园文化氛围，引导广大青年加深对党、对国家、对生活的热爱，以健康积极的面貌迎接崭新校园生活，传承红色基因，赓续红色血脉。

（一）职业素养的含义

职业素养的提升教育与学习，首先要从理论认识上明确何谓职业素养。在阅读相关教材、资料时，我们经常会发现一个有意思的现象：人们经常用“职业素质”的概念来理解“职业素养”一词。对于“职业素养”这一概论，我们理解为它所指向的是职业人进入职业生活和在职业生活中必须具备的职业素质的养成。因此，职业素养是一个英语意境下的“-ing”的进行时态。所谓的职业素养就是职业生活对职业人所要求的职业素质的养成，是由涵盖职业认识与选择、职业意识、职业价值观、职业道德、职业能力、职业心理等方面的职业素质的养成教育过程及可以量化的状态。职业素养是指人类在社会活动中需要遵守的行为规范，是职业内在的规范和要求，是在职业过程中表现出来的综合素质。

（二）职业素养的分类

职业素养可分成两大类：显性职业素养，如文化知识、专业基础、专业技能、创新能力；隐性职业素养，如职业道德、职业理想、职业意识等。职业素质冰山理论认为，个体的素质就像水中漂浮的一座冰山，水上部分的知识、技能、行为习惯仅仅代表表层的特征，不能区分绩效优劣；水下部分的观念、思维方式、态度、心理素质才是决定人的行为的关键因素，用来鉴别绩效优秀者和一般者。学生的职业素养也可以看成一座冰山：冰山浮在水面以上的只有 1/8，它代表学生的形象、资质、知识、职业行为和职业技能等方面，是人们看得见的、显性的职业素养，这些可以通过各种学历证书、职业证书来证明，或者通过专业考试来验证。而冰山隐藏在水面以下的部分占整体的 7/8，它代表学生的职业意识、职业道德、职业作风和职业态度等方面，是人们看不见的、隐性的职业素养。显性职业素养和隐性职业素养共同构成了学生所应具备的全部职业素养。由此可见，大部分职业素养是人们看不见的，但正是这 7/8 的隐性职业素养决定、支撑着外在的显性职业素养，显性职业素养是隐性职业素养的外在表现。因此，学生职业素养的培养应该着眼整座“冰山”，并以培养显性职业素养为基础，重点培养隐性职业素养。

（三）提升职业素养的目的

在校学生为什么要提升职业素养？这主要源于学生作为未来社会生产的主要生产力来源和社会生活的主要成员的特性，即学生是社会主义建设事业的宝贵人才资源和重要生力军。学生的受教育水平决定着国家、社会的未来发展前景。作为未来社会生产的主要生产力来源，学生是社会经济结构主要的劳动力来源，是社会分工体系的主要参与者。未来经济社会的发展前景就取决于学生的知识、能力与素质的培养水平，特别是职业素质的培养水平。

当前，我国迫切需要大量高素质的劳动者。如何采取积极有效的措施促使学生顺利就业、成功胜任职业岗位工作和适应职业发展的要求？这对学生职业发展与就业指导工作提出了更高、更急迫的要求，培养和提升学生就业、从业的职业素质、知识储备和技能水平成为高校职业发展和就业指导工作的主要任务。“职业素养提升”与“职业生涯与发展规划”等科目构成了学生职业发展的课程体系。

职业发展课程教学既强调职业在人生发展中的重要地位，又关注学生的全面发展和终身发展。从态度层面引导学生树立职业生涯发展的自主意识、积极正确的人生观、价值观和就业观念实践，正确认识个人发展和国家需要、社会发展的一致性，确立正确的职业意识，形成个人的生涯发展和社会发展积极努力的职业态度；从知识层面指导学生认识职业、职业发展的特点及自身的职业特征；从技能层面帮助学生掌握自我探索、求职就业、生涯决策、职场适应与发展等诸多技能，帮助学生提高诸如职场礼仪、沟通表达、问题解决、自我管理和人际交往等各种通用技能。

就业是民生之本、安国之策，是经济社会发展、社会文明进步的关键，是劳动者的谋生手段，是公民融入社会分工体系、实现个人价值、服务社会的一条途径。可以说，就业是个人安身立命之道，职业是个人安身立命之所。而对于学生来说，就是自我全面发展与价值实现的途径之一。因此，如果一个人要进入社会分工体系、投入社会生产生活实践，自然就需要选择一份力所能及的、适合的职业，在职业生活中实现自己的人生追求。那么要想顺利实现自己的人生追求，首要的、最基本的就是要顺利地就业，然后才是在职业生活中出色地胜任职业岗位职责、实现自身的人生追求。但是，要想做到顺利就业、出色地胜任职业岗位职责，学生在学习期间就要加强职业素质的培养与提升，为顺利进入职业生活做好充分的准备。进入职业生活之后，更应该有针对性地、不断地提升自身的职业素养。

（四）职业素养的基本要素

◢ 案例

为进一步提高全市医疗卫生行业规范化水平，大力弘扬抗疫精神、传承劳模精神和工匠精神，推动卫生健康系统高技能人才队伍建设，4 月 15 ～ 16 号，由济宁市卫生健康委员会主办的济宁市“我是状元”中医护理技能竞赛、中药技能竞赛在曲阜中医药学校成功举办。来自市直医疗机构、各县市区医疗单位 81 名选手齐聚学校，在理论知识和操作技能两方面展开角逐。

本次竞赛遵循公开、公平、公正的原则，并聘请相关专家担任评委。竞赛现场，参赛选手精神抖擞，沉着应试，各显身手。无论是中药鉴定、调剂、炮制还是耳穴压豆、隔姜灸、拔火罐，都充分展示了参赛选手扎实的业务水平和良好的职业素养。评委老师也都全神贯注，对每一位参赛选手认真考核打分。

本次技能竞赛活动，是全市卫生健康系统职工深入学习贯彻习近平新时代中国特色社会主义思想的重要举措，是落实党史教育活动“学党史、悟思想、办实事、开新局”的具体行动，将充分发挥职工主力军作用，推动健康强市建设。通过竞赛，充分调动了全市广大中医药工作者的积极性，提高了全市中医药专业的技能水平，加强了全市中医药人才的队伍建设，推动了全市中医药事业的持续发展。

1. 职业信念

职业信念是职业素养的核心。那么良好的职业素养包含哪些职业信念呢？应该包含良好的职业道德、正面积极的职业心态和正确的职业价值观意识，这是一个成功职业人必须具备的核心素养。良好的职业信念应该由“爱岗”“敬业”“忠诚”“奉献”“正面”“乐观”“用心”“开放”“合作”及“始终如一”等这些关键词组成。

2. 职业知识技能

职业知识技能是做好一个职业应该具备的专业知识和能力。俗话说“三百六十行，行行出状元”，没有过硬的专业知识，没有精湛的职业技能，就无法把一件事情做好，就更不可能成为“状元”了。所以，要把一件事情做好，还必须坚持不断关注行业的发展动态及未来的趋势走向；要有良好的沟通协调能力，懂得上传下达，左右协调，从而达到事半功倍；要有高效的执行力。不同职业有不同职业的知识技能，每个行业有每个行业的知识技能。总之，学习提升职业知识技能是为了让我们把事情做得更好。

知识拓展

岗位职业素养

岗位职业素养具有一定的职业个性，岗位职业素养主要包括以下几个方面：

1. 岗位道德素养

岗位道德素养也称职业道德，是职业人最为重要的职业素质之一，是从业人员在生产活动中必须遵循的行为准则。岗位道德素养主要表现为爱岗敬业、奉献精神、质量效益意识和岗位意识，是从业者最基本的岗位素养。学生从学校走向岗位，就要按照岗位道德素养的要求，并不断地自我修炼。

2. 岗位担当素养

岗位担当素养主要指岗位责任。具体讲，员工要为岗位任务担当、产品质量担当、企业发展担当、岗位规范担当，也要为问题担当。拖拉、不负责任甚至推脱责任都是岗位担当素养不高的表现。当企业遇到发展困难时，员工敢于担当是岗位应有的素养。对学生而言，择业就业就意味着岗位担当的开始。

3. 岗位服务素养

服务是将自己的劳动产品或劳务提供给对方的过程，简单地讲就是为自己以外的人或单位做事情。个体在为别人提供服务的同时，也在享受别人的服务。因此，岗位的服务意识不能缺少，尤其是服务型岗位，服务特性则更加凸显。服务态度和服务品质是岗位服务素养的核心内涵，所以个体应将岗位的服务质量和服务的有效性，作为锤炼岗位服务素养永恒的主题并不断强化。

4. 岗位安全素养

安全意识是岗位的第一要素。企业的工作规程和工作规范的重要功能，就是保护员工安全、岗位生产安全和产品质量安全。没有安全就没有效率和效益，保障安全是对社会、组织、家庭及自己负责任和尽义务。

5. 绿色环保素养

它是关于人与人、人与社会、人与自然和谐相处的绿色知识、生态伦理情怀、绿色意识和绿色行为的总和。学生是绿色素养提升的主导力量，必须把绿色素养与解决实际问题结合起来，真正做到学以致用，真正成为全球生态文明建设的重要参与者、贡献者、引领者。

6. 岗位学习与创新素养

当今社会，创新已经成为国家、企业和员工个人发展的灵魂，也是社会竞争、岗位竞争的关键要素。作为学生应该培养自身的创新意识，提高竞争力，岗位创新素养是新一代青年人必须具备的素养。创新源于对学习和工作的钻研，个体要让创新成为工作习惯。

二、职业素养提升

（一）职业素养提升的内容

根据前述对职业素养概念的理解，认为学生需要提升以下几个方面的职业素养：

1. 职业认识

职业认识是对什么职业、职业生活需要什么样的素养、如何选择合适的职业等方面展开的对职业的认识、对自我的认识与对职业选择等问题的理解。

2. 职业意识

职业意识指对职业生活中所必须具备的相关的主体观念意识的自觉，体现在某一特定职业实践应该具备的主体观念意识及一般职业实践应该具备的主体观念意识的自觉。多侧重一般职业实践应该具备的主体观念意识的自觉。

3. 职业价值观

职业价值观指围绕职业生活所形成的关于职业对个人、社会的价值的认识与评判，以及对这些价值观念的自觉。

4. 职业道德

职业道德是人们在职业生活中形成的具有特定职业特征的道德观念、行为规范和伦理关系，在职业生活中体现为对这些道德观念、行为规范、伦理关系的自觉遵守和践行。

图 1–4 职场礼仪培训

5. 职场礼仪

职场礼仪职场礼仪指在职业生活中必备的仪容礼仪、办公礼仪及职场通信礼仪等礼仪规范，以及对这些礼仪规范的认知、理解与运用（图 1–4）。

6. 职场法律

职场法律指围绕某一特定职业所涉及的相关的法律规范以及职业生活所涉及的通用的法律规范。对职业素养提升而言，是对职业法律规范的认识、理解、遵守和运用。

7. 职业能力

职业能力指顺利完成特定职业实践活动的能力以及围绕某一职业实践所展开的通用能力。在这方面的职业素养提升表现为职业技能的培养和提高。

8. 职业心理

职业心理指围绕职业生活实践中存在的或可能出现的心理问题以及对这些问题的自主调适与解决。

（二）职业素养的培养

1. 自我培养层面

作为职业素养培养主体的学生，在学习期间应该学会自我培养。

（1）培养职业意识。

雷恩·吉尔森说：“个人花在影响自己未来命运的工作选择上的精力，竟比花在购买穿了一年就会扔掉的衣服上的心思要少得多，这是一件多么奇怪的事情，尤其是当他未来的幸福和富足要全部依赖于这份工作时。”清华大学的樊富珉教授认为，中国有60% ～ 80% 的学生对未来职业没有规划，就业时容易感到压力。中国社会调查所最近完成的一项在校学生心理健康状况调查显示，75% 的学生认为压力主要来源于社会就业；50% 的学生对于自己毕业后的发展前途感到迷茫，没有目标；41.7% 的学生表示目前没有考虑太多；只有 8.3% 的人对自己的未来有明确的目标并且充满信心。培养职业意识就是要对自己的未来有规划。因此，校园时期，每个学生应明确：我是个什么样的人？将来我想做什么？我能做什么？环境能支持我做什么？着重解决一个问题，就是认识自己的个性特征，包括自己的气质、性格和能力，以及自己的个性倾向，包括兴趣动机、需要、价值观等，据此来确定自己的个性是否与理想的职业相符。对自己的优势和不足有一个比较客观的认识，结合环境如市场需要、社会资源等确定自己的发展方向和职业选择范围，明确职业发展目标。

（2）显性职业素养的培养。

配合学校的培养任务，完成知识、技能等显性职业素养的培养。职业行为和职业技能等显性职业素养比较容易通过教育和培训获得。学校的教学及各专业的培养方案是针对社会需要和专业需要所制定的，旨在使学生获得系统化的基础知识及专业知识，加强学生对专业的认知和知识的运用，并使学生获得学习能力、培养学习习惯。因此，学生应该积极配合学校的培养方案，认真完成学习任务，尽可能利用学校的教育资源，包括教师、图书馆等获得知识和技能，作为将来职业需要的储备。

（3）隐性职业素养的培养。

有意识地培养职业道德、职业态度、职业作风等方面的隐性职业素养是学生职业素养培养的核心内容。核心职业素养体现在很多方面，如独立性、责任心、敬业精神、团队意识、职业操守等。学生应该有意识地在学校的学习和生活中主动培养独立性、学会分享感恩、勇于承担责任，不要把错误和责任都归咎他人。自己摔倒了，不能怪路不好，而是要先检讨自己，承认自己的错误和不足。学生职业素养的自我培养应该加强自我修养，在思想、情操、意志、体魄等方面进行自我锻炼。同时，还要培养良好的心理素质，增强应对压力和挫折的能力，善于从逆境中寻找转机。

2. 学校培养层面

职业素养整体综合素质的体现，学校应该从以下几个方面着手加强对学生职业素养的培养：

（1）把职业素养的培养纳入培养的系统工程。

从进入校门的那一天起，学校就应该使他们明白校园与社会的关系、学习与职业的关系、自己与职业的关系。全面培养学生的显性职业素养和隐性职业素养，并把隐性职业素养作为重点培养。

（2）构建科学的培养体系。

如以就业指导部门为基础成立学生职业发展中心，并开设相应课程，及时向学生提供职业教育和实际的职业指导，最好是配合提供相关的社会资源。另外，深入了解学生需要，改进教学方法，提升学生对专业学习的兴趣，满足学生对本专业各门课程的求知需求，尽可能向学生提供正确、新颖的学科信息。

（3）形成正确的职业培养意识。

帮助学生树立人生观和价值观，养成良好的学习和生活理念，帮助学生认识社会、观察社会，并结合自身的实际情况，初步形成正确的职业意识和理性的从业观念。

（4）明确专业技能的重要性 。

要在课堂教学中尤其是专业学科教育中加强引导，专业课的学习将直接影响学生将来的就业或进一步从事研究工作。新生从入学开始，如果能懂得专业课的重要性，就可以在未来的学习期间做到有的放矢，围绕专业课，逐步了解并热爱自己的专业，为未来工作奠定坚实的基础。通过专业知识的学习研究，使学生养成好学上进的优良品质，最终形成良好的职业素养。

（5）树立良好的职业理想。

指导学生设计职业生涯规划，培养学生的职业理想。职业生涯规划是指个人和组织相结合，在对个人职业生涯的主客观条件进行测定、分析、总结研究的基础上，对个人的兴趣爱好、能力、特长、经历及不足等各方面进行综合分析与权衡，结合时代特点，根据个人的职业倾向，确定其最佳的职业奋斗目标，并为实现这一目标做出行之有效的安排。职业生涯规划的目的就是要对自己的未来有规划，职业规划的过程也是认识自我、分析自我、要求自我的过程，学生根据自身的个性设计职业生涯规划，明确职业发展目标，筹划未来，为自己选择一条真正适合自己的发展道路，最终实现职业理想。

3. 社会资源与学生职业素养的培养

学生职业素养的培养不能仅仅依靠学校和学生本身，社会资源的支持也很重要。很多企业都想把毕业生直接投入“使用”，但是发现很困难。企业界也逐渐认识到，要想获得职业素养较好的毕业生，企业也应该参与到学生的培养中来。企业可以通过以下方式来进行：

（1）企业与学校联合培养学生，提供实习基地以及科研实验基地。

（2）企业家、专业人士走进校园，直接提供实践知识、宣传企业文化。

（3）完善社会培训机制，让社会培训机构走入校园，对学生进行专业的入职培训以及职业素质拓展训练等。

总之，学生职业素养的培养是目前教育的重要任务之一，而这一任务的进行需要学生、学校及社会三方面的协同配合努力才能有效。

思政园地

2021 年 4 月 13 日，中共中央总书记、国家主席、中央军委主席习近平对职业教育工作作出重要指示强调，在全面建设社会主义现代化国家新征程中，职业教育前途广阔、大有可为。要坚持党的领导，坚持正确办学方向，坚持立德树人，优化职业教育类型定位，深化产教融合、校企合作，深入推进育人方式、办学模式、管理体制、保障机制改革，稳步发展职业本科教育，建设一批高水平职业院校和专业，推动职普融通，增强职业教育适应性，加快构建现代职业教育体系，培养更多高素质技术技能人才、能工巧匠、大国工匠。各级党委和政府要加大制度创新、政策供给、投入力度，弘扬工匠精神，提高技术技能人才社会地位，为全面建设社会主义现代化国家、实现中华民族伟大复兴的中国梦提供有力人才和技能支撑。

——摘选自《新华网》

素养训练

1. 小组活动

（1）学生分组，以小组为单位，在网上查找与所学专业相关的岗位要求并进行整理，以加深对职业素养现实需求的了解。

（2）各小组成员在组内轮流发言，阐述自己对职业素养的理解。

（3）各小组在组内讨论以下问题：

①职业素养的现实需求与自己之前所了解的有哪些差距？

____

____

②对照现实需求，自己还需要重点提升哪些方面的职业素养？

____

____

③你认为自己应该如何提升职业素养？

____

____

（4）教师参与到每组的讨论中，及时为学生答疑解惑，并进行点评总结。

2. 自我提升

请根据小组活动的讨论结果，为提升自己的职业素养制订一个计划，并付诸行动。

第二章
职业道德　促进发展

学习目标

◆ 熟悉职业道德的社会作用；
◆ 了解职业道德行为习惯的养成；
◆ 理解诚信的内涵，明确诚信的价值；
◆ 明确提升敬业意识的途径；
◆ 认知感恩的社会价值，理解忠诚奉献内涵。

职业道德

思政目标

在日常生活和学习中坚守职业道德，自觉培养诚信、爱岗敬业、感恩奉献的良好品质。

案例导入

在2015年“9·3”阅兵式上，有这样一群人，他们赢得了最多的掌声和最高的敬意。他们中既有抗日战争的亲历者，也有抗战老兵的后代，还有海外各行各业的佼佼者。当300余名抗战老兵组成的乘车方队经过天安门城楼时，苍苍白发，熠熠勋章，这群耄耋老人用微微颤抖的军礼表达着对祖国强盛的崇高敬意。70多年前，他们是走上抵御外辱、保家卫国之路的勇士，在经历了血与火的洗礼后，他们依旧对国家和民族怀抱拳拳之心。和抗战老兵群体一样，在抗日战争的烽火年代，海外华侨华人或是组织抗日救亡团体，或是捐款捐物支持抗战，或是直接回国参军，爱国侨胞们众志成城，筑起了一道坚不可摧的血脉长城。

我们向抗战老兵、爱国侨胞两个群体特别致敬，不仅是为了重温历史、缅怀先烈，更重要的是，传承他们为民族尽忠义的担当。积淀在他们身上的赤子情怀和文化血脉，将助推整个中华民族走向共圆“中国梦”的未来，他们用坚韧、勇敢、智慧向世界展示了令人震撼的民族力量和社会主义道德力量。

【思考】

1. 是什么精神与力量促使老兵走上抵御外辱、保家卫国之路的？

2. 作为学生，如何在今后的学习与工作中培养道德，塑造自我价值观？

第一节　道德培养　养成行为

一、道德概述

（一）道德和道德的特点

1. 道德

道德是调节个人与自我、他人、社会和自然界之间关系的行为规范的总和。道德是一种在实际生活中根据人们的需求而逐步形成的一种具有普遍约束力的行为规范，它具有良好的群众基础，往往流传较为广泛，形成共识。

我们这里所说的道德，一定要与法律区分开来。道德与法律都是行为规范，但法律是具有国家强制力保障的，而道德是一种心灵的契约，只能靠人们自觉遵守，靠舆论来实现道德的力量，所以约束力比法律弱得多；道德是在生活中逐步确立的风俗规则，法律则是由国家制定的；法律一般是当权者管理的有力工具，而道德是群众在生活中的利益体现。

2. 道德的特点

道德是靠社会舆论、传统习惯、教育和内心信念发挥作用的，而不是靠法律等强制手段维持的，它渗透于各种社会关系中，不同历史时期、不同阶级都有对道德不同的评价方式与准则。

（1）道德具有阶级性。

在阶级社会里，道德是各个阶级的社会经济地位和利益的反映，因此它具有阶级性，各个阶级都有自己的道德准则。例如，无产阶级道德就是为了维护无产阶级的利益而逐渐约定俗成的一些行为规范，如团结互助、大公无私的共产主义思想；资产阶级道德就是为了维护资产阶级的利益而逐渐约定俗成的一些行为规范，如“人不为己，天诛地灭”的自私自利思想和“一切皆为钱”的人际关系。

（2）道德具有时代性。

在不同的时代，人们的道德观念不同。古代人的道德观念和现代人的道德观念会有所不同，一代人和一代人之间的道德观念也会有所不同。一方面是因为社会生产的发展会促使人们的道德观念发生变化；另一方面是外来文化的冲击，使原有的道德文化和人们的道德观念发生了变化。

（3）道德具有广泛性。

道德对于整个社会的所有人，不论身份，全都适用，道德面前人人平等。例如，做官有“官德”，从教有“师德”，行医有“医德”，居家有“家庭美德”。可以这样说，凡是存在人与人之间关系的地方，就有道德在其中发挥作用。另外，在社会生活中，一些法律不能约束的，如儿女不善待父母、同事之间不能诚实相处，道德却可以约束。

（4）道德靠社会舆论和内心信念来维系。

道德和法律是社会的两大行为准则，如果谁违反了法律，就会有司法机关强制其承担相应的法律责任，而如果有人违反了道德，则不会有哪个具体的人或机关强制他承担责任，但他内心的不安和社会舆论的压力会让他为自己的行为付出相应的代价。道德是人们评价一个人的尺度。一个人若违背社会道德，比如不仁不义、不忠不孝，那么人们就会给他负面的评价，使他没有好的名声，从而对他形成一种来自周边人群的社会压力。另一方面，对很多人来说，道德靠个人良心自觉遵守，无须周边人群的社会压力制约。人们对一个人的道德评判，主要来自这个人所表现出来的言行。所谓“有言者不必有德”，口头上标榜仁义道德的不一定真的有仁义道德，因此，人们往往“听其言而观其行”，然后做出评判。

（二）道德的社会作用

1. 促进社会发展

道德对于社会发展的促进作用，主要是通过对经济关系的重大作用来实现的。新的道德以自己特有的方式表明，维护旧的经济关系是恶的、非正义的，支持新的经济关系取代旧的经济关系才是善的、正义的。它通过内心信念和社会舆论来唤起人们为建立和发展新的经济关系而斗争。

2. 稳定社会秩序

道德是从道义上论证产生它的经济基础的合理性和正义性，使社会形成一个共同的思想观念、基本的行为准则和道德评价标准，成为大多数社会成员行为自律的准绳，从而在社会成员同心同德的基础上，实现社会局面的安定团结和社会秩序的稳定。

3. 协调人际关系

道德作为调节人们行为的一种社会规范，它通过教育、示范、激励、指导、沟通和社会舆论评价，为人们提供“应当”和“不应当”的模式与标准，以此来规范、约束、协调个人与社会、个人与他人的关系和交往中的行为，调节人们的行为目标，使人们化解矛盾、相互理解、增进团结。

4. 完善自我人格

道德为人们人格的发展提供了真、善、美的标准，使人们的人格发展有了努力的方向和内心的信念，对消除人格的内在冲突有重要意义。它可以使人们在选择道德行为之后，在人格上感到更多的满足和愉快，避免因不当选择而产生的不安和愧疚。

二、职业道德

（一）职业道德概述

职业道德，就是同人们的职业活动紧密联系的符合职业特点所要求的道德准则、道德情操与道德品质的总和，它既是对从业人员在职业活动中行为的要求，同时又是职业对社会所负的道德责任与义务。职业道德作为一种社会意识，是社会的、阶级的道德在职业生活中的具体体现，在社会主义社会，良好的职业道德，不仅协调着社会生活中人与人的关系，而且有利于促进社会的和谐与稳定，有助于维护党的形象，提高政府的威信。《公民道德建设实施纲要》指出："随着现代社会分工的发展和专业化程度的增强，市场竞争日趋激烈，整个社会对从业人员职业观念、职业态度、职业技能、职业纪律和职业作风的要求越来越高。"因此，同学们要正确认识职业道德，培养职业情感，创造美好的职业生涯。

1. 职业道德的特点

职业道德是整个社会道德的主要内容。它一方面涉及每个从业者如何对待职业的问题，同时也是一个从业人员的生活态度、价值观念的表现，是一个人的道德意识、道德行为发展成熟的重要标志。另外，职业道德也是一个职业集体，甚至一个行业全体人员的行为表现。因此，它与我们理解的一般意义上的道德有密切联系，同时又具有自身的特点。

（1）职业性。

随着社会的不断进步，科学技术突飞猛进地发展，社会分工也向着多样化方向发展，社会分工越来越细。职业领域越来越广，职业分类越来越细，可以说，有多少种分工就有多少种职业。每种职业都担负着一种特定的职业责任和职业义务，不同的职业有不同的职业道德要求，带有各自的个性特征，它往往只约束从事该行业和职业的人员以及他在职业活动中所发生的行为。如军人的职业道德，是无条件服从命令，勇往直前的杀敌精神，以及宁死于战场也不临阵脱逃或举手投降的英雄气概；医生的职业道德在于全心全意、救死扶伤。

（2）时代性。

由于事物随时代的变化而变化，时代不同，社会道德的内涵也不同。道德乃是人类实际生活的要求和反映，是跟着经济状况的变迁而变迁的。人们所从事的职业也随时代的变化而不断发展，因而每一时期的职业道德，始终从一个侧面反映了当时整个社会道德的现实状况，在一定程度上贯穿和体现着当时社会道德的普遍要求，具有道德的时代特征。另一方面，随着经济的发展和科技的进步，一些新的行业诞生，新行业的职业道德规范也将应运而生。不同的历史发展阶段，不同的经济发展时期，都有与之相适应的不同的职业道德标准。

（3）适用性。

由于职业道德是根据本职业的业务内容、活动条件、交往范围及从业者的承受能力而制定的道德规范和行为准则，因而它对人们在职业活动中的行为用条例、章程、守则、制度、公约等以简明的形式做出规定，具有很强的针对性和可操作性，同时具有具体、灵活、多样、鲜明的特点，以便于从业人员理解记忆、遵守执行。

（4）历史继承性。

由于职业具有不断发展和世代延续的特征，不仅其技术世代延续，其管理员工的方法、与服务对象打交道的方法也有一定的历史继承性。如“有教无类”“学而不厌，诲人不倦”从古至今始终是教师的职业道德。

2. 职业道德的社会作用

职业道德是社会道德体系的重要组成部分，它一方面具有社会道德的一般作用，另一方面又具有自身的特殊作用，具体表现如下：

（1）调节职能。

职业道德的基本职能是调节职能。它一方面可以调节从业人员内部的关系，即运用职业道德规范约束职业内部人员的行为，促进职业内部人员的团结与合作。另一方面，职业道德又可以调节从业人员和服务对象之间的关系。如职业道德规定了制造产品的工人怎样对用户负责，营销人员怎样对顾客负责，医生怎样对病人负责等。

（2）维护和提高本行业的信誉。

一个行业、一个企业的信誉度是自身发展的生命线，提高信誉度主要靠产品的质量和服务质量，而从业人员较高的职业道德水平是产品质量和服务质量的有效保证。若从业人员职业道德水平不高，就很难生产出优质产品和提供优质服务。

（3）促进本行业的发展。

行业、企业的发展有赖于经济效益的提高，而提高经济效益源于高素质的员工。员工素质主要包括知识、能力、责任心三个方面，其中责任心是最重要的。而具有较高职业道德水平的从业人员，他的责任心必然较强。因此，职业道德能促进本行业的发展。

（4）提高全社会的道德水平。

职业道德是整个社会道德的主要内容。职业道德一方面涉及每个从业者如何对待职业，如何对待工作问题，同时也是一个从业人员的生活态度、价值观念的表现，是一个人的道德意识、道德行为发展成熟的标志，具有较强的稳定性和连续性。另一方面，职业道德也是一个职业集体，甚至一个行业全体人员的行为表现。如果每个行业、每个职业集体都具备优良的道德，对整个社会道德水平的提高肯定会发挥重要作用。

（二）职业道德行为习惯的养成

职业道德行为习惯的养成，要求从业者自觉地把职业道德规范真正落实到自己的职业活动中，增强职业意识，遵守职业规范，重视职业技能的训练和职业素质的修养，做到言行一致，知行统一，形成良好的职业道德品质。

1. 职业道德行为养成的作用

进行职业道德行为养成训练，是为了培养从业者在职业活动中良好的职业行为习惯，从而全面提高从业者的道德素质，为未来的职业生涯奠定良好的道德基础。它的作用主要体现在以下五个方面：

（1）有利于劳动者素质的全面提高。

职业道德素质是培育“四有”公民的重要组成部分，而职业道德行为是对职业道德的实践，是提高职业道德素质的基础。21 世纪，是一个充满竞争的时代，职业岗位的竞争可以说是激烈的、残酷的，各行各业对人才素质提出了很高的要求，要想成为一个合格的劳动者，在激烈的市场竞争中拥有自己的理想职业，就必须加强自身素质的全面培养。

学生毕业面临职业的选择，因此，在学校不但要学好专业文化知识，掌握专业技能，而且要严格遵守学生守则，养成良好的日常行为习惯，培养强烈的职业意识和职业道德意识，为将来走上工作岗位打下基础，实现自己的职业理想。

（2）有利于做好本职工作。

职业道德是在社会主义市场经济条件下从业者必须具备的最基本素质，是能够完成本职工作的基本保障。一个从业者职业道德修养的好坏，职业行为的优劣将直接决定他的工作效益和工作质量。因此，学生必须具备优良的职业道德素质。市场经济对人才的需求是先选德后选才，一个人专业能力不管有多强，如果职业道德素质差，是不受用人单位欢迎的。反之，一个爱岗敬业、求实进取的人，即使他的专业能力稍差一点，良好的职业道德行为也会让他获得成功。

（3）有利于促进各行业的发展。

事业的发展总与人的职业道德行为紧密相关，一个行业或部门的职业道德状况，将直接影响到本行业、本部门的社会信誉和经济效益，关系到事业的成败。而行业的道德状况是通过从业人员的职业行为和职业道德修养来体现的。从这个意义上来说，从业人员是各行业的形象代表，他们职业行为和职业道德修养的好坏，将直接决定本行业在社会公众心目中的形象和地位。因此，维护本行业的道德信誉是每个从业人员的责任和义务，也是对从业人员的基本要求，是促进行业兴旺发达的必不可少的前提条件。

（4）有利于从业者自身的发展。

职业活动在人的一生中占有重要的地位，职业道德素质也是一个人品质的重要体现，而良好的职业道德素质是在人的日常行为和职业活动中逐渐形成的。职业道德行为养成是实现自身发展的重要途径，良好的职业道德将为同学们的发展产生十分重要的作用，使之获得更多的发展机遇。

（5）有利于抵制不正之风。

党中央《关于社会主义精神文明建设指导方针的决议》中指出："在我们社会的各行各业，都要大力加强职业道德建设。首先是党和国家机关的干部，要公正廉洁、忠诚积极、全心全意为人民服务，反对官僚主义、弄虚作假、利用职权谋取私利。最后要加强那些直接为广大群众日常生活服务的部门的职业道德建设，反对和纠正带有行业特点的不正之风。在我们社会里，人人都是服务对象，人人又都为他人服务。"

近年来，我国职业道德建设取得了丰硕成果，各行各业涌现出一大批职业道德建设先进人物和文明单位，但不容忽视的是在市场经济条件下，由于拜金主义、享乐主义、极端个人主义、庸俗功利主义等思想的冲击和侵蚀，在我国社会生活中出现了一些不正之风，按照职业道德规范和行业职业道德规范自觉地、有意识地加强职业道德行为的养成训练，坚定职业道德信念和职业道德意志，严于律己，才能抵制不正之风的侵蚀，做职业道德的楷模，推进和谐社会的建设步伐。

2. 养成良好的职业行为习惯

（1）在日常生活中培养。

职业道德行为和人的其他日常行为习惯一样，都是在自己平时一点一滴的良好习惯基础上自觉形成的。同学们一定要注重日常行为习惯的自我培养。

①从身边小事做起，养成良好习惯。

古人云："一屋不扫，何以扫天下！"一个人若想做大事，就必须从小事做起。任何工作都不是一蹴而就的，而必须从一点一滴开始。俗话说，一滴水可以折射太阳的光辉，良好的习惯可以让人终生受用。同学们要从日常小事做起，注重平时的言谈举止，以学生日常行为习惯规范自己的言行，自觉养成良好习惯。

②遵守社会公德，培养高尚品德。

在迈向现代化的进程中，社会公德比以往任何一个历史时代都更为重要。社会公德具有维护和保障社会生活正常进行的功能，对于培养人的高尚品质，养成良好的道德习惯，具有十分重要的意义。因此，我们一方面要在社会活动中遵守道德规范，另一方面要在人们日常的公共活动中遵守和维护公共利益、公共秩序、公共安全、公共卫生。让自己成为一个高尚的人，有利于社会的人。

（2）在专业训练中养成。

专业理论知识和专业技能是形成职业信念和职业道德行为的前提和基础，职业道德行为的养成离不开知识和技能的提高，一个从业者只有具备了深厚的专业知识，精湛的职业技能，他所拥有的职业道德知识、感情、意志和信念才能有用武之地，他才能在职业岗位上做出自己的贡献。

①增强职业意识，遵守职业规范。

职业意识是人们对求职择业和职业劳动的各种认识的总和。它是职业活动在人们头脑中的反映。

职业规范是指某一职业或岗位的准则，包括操作规程和道德规范。

从业人员在专业学习中获得了专业理论和专业知识，在专业实习中将专业理论和实践结合，通过学习和训练，让从业人员了解职业规范要求，培养职业意识，帮助他们养成良好的职业习惯。同学们要在今天的学习实践中增强职业意识，养成遵守职业规范的习惯，为未来更好地从事工作奠定基础。

②重视专业技能学习，提高职业道德素养。

这里所讲的技能，也就是职业技能，是一个从业者最基本的职业素养。任何职业都有专门的职业技能，它是一个从业者是否能胜任工作的基本条件，也是工作业绩突出与否的关键所在，同时是一个人在自己的工作岗位上实现人生价值的基本条件。

在学习中，技能的训练是重中之重，每位同学都应该重视技能学习，强化技能训练，让自己成为一个理论强、技能精的专业人才，只有凭借自己领先的职业技能，才能在激烈的市场竞争中找到理想的职业，实现人生理想。

（3）在社会实践中体验。

职业道德行为的养成离不开社会实践，坚持知行统一，积极参加社会实践，在实践中锻炼提高自己，是加强职业道德行为养成的重要途径。体验就是通过实践来认识周围事物。在社会实践中体验职业道德行为的方法如下。

①通过社会实践培养职业情感。

职业情感是从业者在职业活动时产生和确立的内心情绪体验。它是一个人在工作中应具备的最起码的情感。

每个同学在校期间就要结合自己的专业，有意识地培养自己的专业习惯，树立服务意识、敬业意识。

社会实践是培养职业情感的有效途径之一。为了让同学们将来有适应自己工作岗位的能力，学校的学生就应充分利用在学时间参加岗位教学、实习等社会实践活动。在活动中有意识地体验，进而了解自我、了解职业、熟悉职业、体验职业、了解社会，明确社会对人才的道德素质要求，明确社会对从业者职业道德的要求，自觉培养对职业的热爱感、正义感、义务感、良心感、荣誉感和幸福感等情感。

②学做结合，知行统一。

“知”就是指在职业实践中经过总结经验教训而获取的正确认识。“行”是指社会实践、职业活动，即人们改造客观世界的一切活动。

在社会实践中，我们要把学和做结合起来，把学到的职业道德知识和职业道德规范运用到职业实践活动中，落实到具体的职业道德行为中，以正确的人生观和职业道德观指导自己的实践，理论紧密联系实际，做到言行一致，知行统一。只有这样才能把所学的职业道德的基本知识转化为高尚的职业道德行为。

（4）在自我修养中提高。

自我修养是指个人在日常的学习、生活和各种实践中，按照职业道德的基本原则的规范，在职业道德品质方面的“自我锻炼”“自我改造”和“自我提高”。自我修养关键在于自我努力，这是形成职业道德品质的内因，其目的在于通过自我对职业活动的认识和实践，培养高尚的职业道德品质，把职业道德的基本原则与规范，自觉转化为个人内心的要求和坚定的信念，逐步形成良好的职业行为习惯，成为具有高尚职业道德的人。

①经常“内省”。

曾子说过“吾日三省吾身”（《论语·学而》），就说明古人已经十分重视品德修养中的“内省”。所谓“内省”，就是内心省察检讨，使自己的言行符合道德标准的要求。我们要通过职业生活实践，认识职业，了解职业生活对从业者职业道德的要求，找出自己的行为与职业道德规范的差距，进行省察检讨，使自己的行为符合职业道德规范。

②做到“慎独”。

“慎独”是我国古代人极力推崇的一种道德修养方法。“慎”是谨慎，“独”是独处。所谓“慎独”是指独自一个人在没有外界监督的情况下，其行为更应谨慎，不做任何违背道德的事。“慎独”既是一种职业道德修养方法，又是一种崇高的职业道德境界，在职业活动中有着十分重要的意义。大庆石油工人就是“领导在场与不在场一样，有人检查与没人检查一样”，对“慎独”做了具体而形象的解释。马班邮路上的忠诚信使王顺友是“慎独”的又一典范。

③以先进为榜样。

古人说：“以铜为镜，可以正衣冠；以史为镜，可以知兴衰；以人为镜，可以明得失。”榜样的力量是无穷的，在建设社会主义的今天，各行各业都涌现出了无数的职业道德先进模范，如敬业奉献的许振超，妙手仁心的钟南山，为民解难的张云泉。同学们要以他们为榜样，激励自己，加强道德修养，不断提高自己的职业道德素质。

（5）在职业活动中强化。

职业活动是检验一个人职业道德品质高低的试金石，如何在职业活动中强化自己的职业道德行为呢？主要体现在以下两个方面。

①将职业道德知识内化为信念。

“内化”是指把学到的职业道德知识、规范变成个人内心坚定的职业道德信念，它是职业道德知识、情感和个人意志的结合，是人们道德行为的强大动力和精神支柱。

②将职业道德信念外化为职业行为。

“外化”是指把内心形成的职业道德情感、意志和信念变成个人自觉的职业道德行为，并且指导自己的职业实践活动。美国心理学家威廉·詹姆斯曾说过：“播下一个行动，你将收获一种习惯；播下一种习惯，你将收获一种性格；播下一种性格，你将收获一种命运。”事实表明，习惯左右了成败，习惯改变人的一生。因此，良好职业道德行为习惯的养成对一个人的职业生涯至关重要。

当前，社会对人才的要求越来越高，职业竞争也日趋激烈，同学们在校要养成良好的行为习惯，以社会主义荣辱观为准绳，提高自身职业道德素质修养，在今后的实践中培养良好的职业道德行为，形成高尚的职业道德，实现自己的职业理想。

知识拓展

职业道德的主要范畴

职业道德与职业义务、职业权力、职业责任、职业纪律、职业良心、职业荣誉、职业幸福和职业理想等紧密相关，这些都是职业道德在职业活动不同方面、不同层次的反映和折射。

1．职业义务

职业义务是指从业人员在职业活动中对他人、对社会应尽的责任和不要报酬的奉献。它是一定社会、一定阶级、一定职业对从业人员在职业活动中提出的道德要求，又是从业人员对他人、对社会应该承担的道德责任。比如，救死扶伤，实行革命的人道主义，既是医疗职业对医生提出的职业道德要求，又是医生对病人应承担的道德责任。

职业义务具有利他性，也就是从业人员在履行职业义务时，实际上做出了有利于他人、有利于社会的行为，这种行为的客观效果是对他人有利，而不是对自己有利，甚至有时还要做出某种程度上的自我牺牲。比如交警在履行“站岗执勤”的义务时，就要经受严冬酷暑的考验（图2-1）；教师在尽“教书育人”的义务时，就要像蜡烛照亮别人，“燃烧”自己。

图 2-1　职业义务

职业义务具有无偿性，是指从业人员在履行职业义务时，不把谋求个人权利和回报与履行职业义务相联系或相对应。比如国家安全工作人员要履行“保守国家机密”的义务，共产党员要履行“执行党的决定，服从组织分配”的义务。履行职业义务是每个从业人员义不容辞的责任，忽视或者逃避职业义务是违反职业道德的行为。

2．职业权力

职业权力是指从业人员在自己的职业范围内或职业活动中拥有的支配人、财、物的力量。职业权力不只属于有领导权的人，所有从业人员，哪怕是最基层最普通的人员，都有相应的职业权力。例如，交通警察在交通岗位上，有指挥来往车辆行驶与否的权力，有对违反交通规则的驾驶员进行罚款、没收驾照、予以相应处罚等权力。每个从业人员都有相应的职业权力，其核心是如何使自己手中的职业权力为广大人民群众服务。

3．职业责任

职业责任是指从事某种职业的个人对他人、集体和社会所应承担的责任。职业责任是社会义务、使命、任务的具体体现。由于职业分工不同，行业特点不同，职业的作用不同，从业人员承担的职业责任也就有所不同。职业责任一般用岗位职责、业务规范、规章制度、任务目标或行为公约等形式来表现。例如，工人的职业责任主要是坚守生产岗位，维护生产秩序，学习科学文化，钻研业务技术，文明生产，保质保量完成生产任务，创造更多的物质财富。各行各业的职业责任各不相同，但忠于职守，尽心尽力，保质保量，按时完成党和国家、行业、单位交给自己的各项任务，安心本职工作，以主人翁的态度对待本职工作等，都是共同的职业责任要求。达到了这些要求，就是具体地履行了自己的职业责任。

4．职业纪律

职业纪律是在特定的职业范围内从事某种职业的人们要共同遵守的行为准则。人们常说，党有党纪，国有国法，家有家规，厂有厂律。为了维护正常的生活和工作秩序，确保安全生产，确保产品质量，各行业、各单位、各岗位都要制定自己的行为规则，这些行为规则对本行业、本单位、本岗位的从业人员来说都是职业纪律。不同职业的职业纪律有共同性，比如个人服从组织，下级服从上级；上班不迟到、不早退、不旷工；要照章办事等。同时职业纪律也有特殊性，比如一些工作内容涉密，不该问的不问，不能打听的不打听等。这些职业纪律都是维护国家、集体、个人利益的行为准则，要求有关从业人员在职业活动中必须遵守，具有强制性。制定纪律的目的是维护集体和人民的共同利益，确保大家正常的工作秩序和生产秩序。

5．职业良心

职业良心是指从业人员在职业活动中对工作的负责精神、对他人的同情感、对社会的责任感、对自己职业行为的是非感和对错误行为的羞耻感。

职业良心与职业义务相辅相成，互相促进。职业义务是他人和社会对从业人员提出的客观要求和愿望，为了满足人们的这些要求和愿望，必然要借助于职业良心这一内在驱动力，通过尽到职业义务来实现。因此，职业义务迫使人们要讲良心；而职业良心又使职业义务的履行得到切实保证。这样，人们在职业良心促使下履行职业义务，在履行职业义务的过程中培养他人和社会期待的职业良心，以实现职业义务与职业良心互相促进的良性循环。在工作中，做到事前“扪心自问”，事中“良心发现”，事后“问心无愧”，既是讲职业良心应有的要求，也是培养职业良心有效的手段。

6．职业荣誉

职业荣誉是社会对职业行为的社会价值所做出的肯定性评价，也是从业人员对自己的职业行为所具有的社会价值的自我意识和自我体验。换句话说，职业荣誉就是从业人员的职业行为得到社会的公认、肯定和褒奖，以及从业人员对自己的职业行为的肯定和欣赏。

在职业生涯中，劳动者需要树立正确的职业荣辱观，在职业活动中明辨是非，分清善恶美丑，判断和选择正确的职业行为。劳动者争取职业荣誉的动机要纯洁、纯正、不能太功利，不以金钱的多少和地位的高低来评价贡献的多少。同时，获得职业荣誉的手段要正当，不能对荣誉斤斤计较，也不能靠毁坏他人的声誉来抬高自己的身价和地位，更不能欺上瞒下、弄虚作假骗取荣誉。最后，对待职业荣誉的态度要谦虚，要把它作为新的起点，以更加谦虚的态度、更加努力的工作来回报单位和社会的认可和表彰。

7．职业幸福

职业幸福是指从业人员经过辛勤奋斗后实现职业理想而获得的精神满足和愉悦。比如保质保量完成生产任务后就会产生一种心情愉快的感觉；通过钻研努力，解决了某一项技术难题，得到领导和同事高度评价，就会产生一种精神上的满足感；攻克难关做出某项创新和发明，就会产生一种自豪感。所有这些，都是职业幸福的具体体现。每一种职业、每位从业人员都有自己的职业幸福。环卫工人起早摸黑地保洁劳动使人们生活在整洁卫生的城市，他会为此感到幸福；交通警察春夏秋冬不分昼夜、不畏严寒地在现场指挥，保证了群众出行安全，他也会为此感到幸福。

8．职业理想

职业理想是指人们对未来职业和所要取得何种成就，对社会做出哪些贡献的向往和追求。一个理想的职业不仅是人们谋生的手段，而且能更好地发挥人的聪明才智，在实现为人民服务、奉献社会的同时，实现个人的人生价值。树立正确的职业理想，才能明确个人奋斗的正确方向，坚定为中国特色社会主义事业奋斗的信念，增强为追求事业成功而战胜困难的力量，最终实现人生价值。

活动设计

“致敬普通劳动者”主题活动

劳动并没有高低贵贱之分。没有环卫工，哪有干净整洁的大街；没有保安员，哪有小区的祥和平安；没有快递员，哪能方便、快捷地买到心爱之物……每一座城市的美丽，都离不开基层劳动者辛勤的汗水和无私的付出，只要为社会创造价值，服务于人民，就是光荣的，只要是劳动者就该得到承认和尊重。

请以小组（8～10 人）为单位组织一次“致敬普通劳动者”主题活动，选择一个普通劳动者群体，向他们致敬。致敬的形式不限，既可以是发动社会力量为普通劳动者谋求福利，也可以是向普通劳动者献花等。

1. 过程记录

活动开展计划：________________________

活动开展关键点：________________________

活动开展难点及解决方案：________________________

2. 活动心得

____

____

16. 积极寻找途径获得外界对自己所在集体的支持；
17. 对集体的使命有清晰的认识，认同集体的价值观；
18. 能享受学习和工作中的乐趣；
19. 老师或领导布置的任务，即使有困难，也会想方设法完成而不是敷衍了事；
20. 积极参加集体组织的各项活动。

说明：

A 选项为 5 分，B 选项为 3 分，C 选项为 1 分。

40 分以下，敬业度较低；

40～59 分，敬业度一般；

60～80 分，敬业度上等；

80 分以上，敬业度优异。

注：学生可分组进行测试，测试完毕教师进行总结。

第二节　诚实守信　不忘初心

一、诚实守信

（一）诚信的内涵

诚信由“诚”和“信”组成。其中，“诚”是指尊重事实、真诚待人，既不自欺也不欺人。“信”是指讲信用、守承诺。“诚”为“信”之基础，它侧重于“内诚于心”，体现了个人内在的道德修养。“信”侧重于“外信于人”，体现为外在的人际关系。根据“诚”和“信”的含义可以看出，诚信就是要守诺、践约、无欺，即说老实话、办老实事、做老实人。

诚信是道德的基本规范，也是做人和做事的基本准则。它要求人们具有诚实的品德和境界，尊重事实，不自欺、不欺人；要求人们在社会交往中言行一致、信守诺言、履行自己应该承担的责任。

诚实守信是人们在职业活动中处理人与人关系的道德准则，是市场经济体制下人们在人际交往和经济活动中必须遵守的一项最基本的道德规范。

（二）诚实守信的意义

诚实守信是职业道德的根本，是一个人为人处世的基本准则，是各行各业的生存之道，是一个国家稳定、和谐的重要因素。人无信不立，职业无信则无以立，为政不诚信则会失去民心，做事不诚信则一事无成，做学问不诚信则学而不精，居家不诚信则亲人反目，交友不诚信则会徒增怨恨，对自己不诚信则是自欺。建立社会主义道德体系必须以诚实守信为重点，因此，加强社会主义职业道德的诚信教育，提高从业人员的职业道德水平，成为当前道德建设的一个重点内容。

（三）诚实守信的基本要求

1. 实事求是，以诚相待

在人与人的交往中，要做到言而有信。在职业活动中，要求每个从业人员要做到言行一致，信守诺言，对存在的问题不隐瞒，不夸大。对自己的产品、服务质量不吹嘘，不言过其实，忠于事物本来的面目。这才符合诚实守信的要求。如机关事业工作人员不欺上瞒下，经商者诚信无欺，生产者保证产品质量，学生努力学习，诚信考试。每个人对自己的所作所为要对得起自己的良心，按道德规范要求自己诚诚恳恳做人，踏踏实实做事。

2. 重质量、重服务、重信誉

在市场经济中，产品的质量和服务直接关系到企业的信誉。各行各业要在今天的市场经济条件下确立强烈的质量理念，做到“以质量求生存，以信誉求发展”。产品的质量包括产品原材料的品质，加工制作过程中的技术水平、工艺水平及产品的性能等。要求生产者在生产过程中严把质量关，生产出优质产品。服务质量包括服务态度、服务技巧、服务水平、服务效率等。要求每个员工为顾客或群众提供最优质的服务。当今，任何一个单位和组织，服务质量的优劣直接关系到其信誉甚至影响到其生存和发展。信誉是社会的大厦，是企业或个人无形的资产。在激烈的市场竞争中，谁的质量好、服务优、信誉高，谁就拥有了市场，也就拥有了强大的生命力。

3. 合法经营

合法经营指的是从业人员在经营中必须以诚信为本，遵守有关规章制度、法律法规。

图 2–2　合法经营，接受检查

合法经营主要涉及以下几个方面。一是每个劳动者要根据自己的职责要求，按岗位职责严格执行操作程序和操作规范，做到对产品负责、对单位负责、对消费者负责、对社会负责。二是在生产经营过程中要严格执行国家有关法律法规，做到合法经营，随时接受有关执法部门的检查（图 2–2）。在当今社会中，由于利益的驱使，一些人常常忘记自己应遵守的职业道德，钻空子、投机取巧、制假售假、牟取暴利，危害人民群众，我们必须同这种行为做斗争。三是要按照国家政策要求，做到依法纳税。四是要信守合同，注重合同信誉。合同是具有同等约束力的法律文书或准法律文书，信守合同就是忠诚地遵守依法订立的协定。

诚实守信是一种力量的象征，它显示着一个人的高度自重和内心的安全感与尊严感；同时又是社会文明程度的体现，是一个企业高度的责任感与使命感的体现，是创建和谐社会的重要因素之一。因此，只有在全社会发扬诚实守信的职业道德，才能把我们的社会建成和谐社会，全面、持续、协调地发展。

（四）诚实守信的价值

诚实守信是中华民族的传统美德。从古至今，人们一直以诚信为德之重。在我国社会主义市场经济快速发展的背景下，强化个人、企业和整个社会的诚信意识，践行诚信品格，具有重要的现实意义。

1. 对个人的价值

对个人而言，诚信是立身之本。孔子曰：“人而无信，不知其可也。”（《论语·为政》）人是通过“社会化”完成从生命体的自然人到具有社会角色的社会人的转化的。人在社会化过程中，不仅要学习和掌握社会生活所必需的知识和技能，还要学习社会交往的规则。遵循不说谎、说话算数等诚信规则，是每个人最早接受的道德规则教育之一。

在职业活动中，诚信更是职业人不可缺少的职业素养。如果一个人对同事诚信，就容易得到同事的信任和帮助，与同事建立起和谐可靠的共事关系，从而能够更好地开展工作；如果一个人对领导诚信，就容易得到领导的青睐和重用，从而为自己赢得更多的发展机会；如果一个人对客户诚信，就会赢得更多的客户，帮助组织获得更多的利益。相反，如果一个人失去诚信，就会失信于人，很难与同事和领导建立良好的关系；如果一个人与客户交往时失去诚信，就会给工作带来困难。例如，和客户约好了见面的时间和地点，却没有在约定的时间内到达，或者约好了交货日期却无法按时交货。久而久之，客户就会对这个人失去信任，将来也不会再选择与其合作。因此，每个职业人都应以诚信为本，真诚待人、信誉至上。

此外，诚信对个人的职业前途也有重要的影响，是个人在职场中顺利发展的重要条件。对一个想要长久发展的组织来说，一个没有诚信的员工即使才华横溢，也不能委以重任，因为这种员工可能会影响组织的对外形象，甚至因失信于人而导致不良后果。而一个忠于组织、诚信为本的员工却可以帮助组织树立良好的形象，使组织在对外的各项交往中获得更好的发展机遇。因此，每个组织都希望招收能做到诚实守信、愿意为组织谋发展的员工。

2. 对企业的价值

“人无信而不立，企业无信而不存。”诚信不仅是企业的“金字招牌”，还是企业宝贵的精神财富和价值资源，是企业的兴业之道。

首先，诚信是企业生存和发展的基石。一个企业，只有以诚信为本，其信誉度才会不断提高，从而形成强大的吸引力，赢得更多的优秀员工。同时，以诚信为本的企业文化能够更好地激发员工的认同感和凝聚力，增强企业的生命力和活力。

其次，一个具有较高诚信素养的企业能在市场活动中得到更多的资源和发展机会，从而为企业带来更多的财富。市场经济是以信用为基础的。如果没有诚信，市场经济就会失去秩序、无法正常运行。因此，只有坚持做到“内诚外信”的企业，才能在市场中获得牢固的伙伴关系，拥有更多与其他企业合作的机会，而一个总是失信于人的企业则难以做到良性发展，必然会在激烈的市场竞争中被淘汰。当年，海尔公司张瑞敏狠抓冰箱质量，砸毁了76台有质量问题的冰箱，最终使海尔以产品质量取胜，成为我国第一个出口免检的企业，成功地打入海外市场，就是一个很好的例子。

3. 对社会的价值

对社会而言，诚信有助于社会的良性运行和持续发展。如果社会没有形成良好的诚信风气，就容易陷入诚信危机中。例如，一些企业不讲诚信，为了眼前的利益制假贩假、偷税漏税、骗汇骗保、恶意透支、虚开票据、伪造票证、发布虚假广告、缺斤短两；一些个人投机取巧，为了各种目的虚构假成果、假学历、假文凭、假证件、假新闻等。这种部分企业或个人在社会交往中的信用缺失，容易导致整个社会的一系列不信任、不确定和不安全的心理状况和行为方式，给社会发展带来严重的不良后果。

因此，诚信是社会最普遍也是最基本的伦理价值需要，各种经济活动、政治活动、精神文化活动等都需要诚信。

二、加强诚信修养的途径

（一）培养诚信意识

1. 把诚信规范由他律转化为自律

自律，是指自我约束；他律，是指接受他人的检查和监督。要想把他律转化为自律，学生首先应明白自律的目的和意义。自律有助于磨砺人的心志，也是修身立志成大事者必须具备的能力。

学生只有把他律内化成自律之后，才能使他律所要求的诚信行为变成自身的习惯，从而养成良好的诚信意识。如果学生无法从内心里真正地接受诚信规范，就不可能在无人监督时自觉地遵守诚信规范，也就无法养成良好的诚信意识。

2. 信守承诺，拒绝诱惑

学生应时刻谨记以诚信为本，做到信守承诺、拒绝诱惑。其中，信守承诺要求学生在社会交往中不自欺、不虚伪和不欺骗。拒绝诱惑要求学生要具有严于律己的诚信自律精神，遵从社会道德规范，树立正确的是非观和善恶观，不因外界诱惑而违背自身承诺，背信弃义。

（二）在实践中践行诚信品质

诚信品质的培养并非一朝一夕能完成的，它需要学生在日常交往和学习生活中慢慢培养。在社会实践中，学生必须尊重客观事实，不作假、不投机取巧，脚踏实地，诚实劳动，从小事做起，如不迟到、按时完成各项任务、以诚待人等。只有严于律己，从每件小事出发，用诚信的标尺衡量自己，学生才能逐渐养成诚信的品质。

第三节 爱岗敬业 恪尽职守

一、敬业意识

案例

谭文波，中国石油西部钻探工程有限公司试油公司井下作业高级技师，他是敬业乐业的石油人，茫茫戈壁里立井架搞钻探，一待就是26年，踏遍大西北的每一处油井场；他是勤业精业的“土专家”，生产一线里加班加点熬夜攻关，推动30多项技术改革落地，解决无数生产难题。有企业为他开出200万元的年薪，他却表示金钱无法代替自己的追求，作为一名技术工人，最大价值就是把手头的活做细、做精、做好……在普通岗位成就了不平凡，源于他内心的笃定和坚持，“完成工作只是刚刚及格，勇于钻研才能更加优秀”。

对待工作，不同的态度，决定了不同的成就。有人“当一天和尚撞一天钟”，应付差事敷衍了事，当起“差不多先生”；有人“困守一亩三分地”，在岗位职责内打转转，日复一日地简单重复；有人“板凳甘坐十年冷”，在生产一线发现问题并寻找办法，在勤勤恳恳的基础上创新创造。

谭文波就属于最后一种。近三年来，他在完成日常施工任务之余，还琢磨研究其他生产环节的问题，先后完成24篇技术论文，获得实用新型专利8项、发明专利4项，被同事们称为石油开采一线的“土专家”。成就是如何炼成的？一方面靠敬业实干，每天加班加点、刻苦钻研；另一方面靠勤业敬业，一次一次对技术细节精心雕琢、反复推敲。

艺要精，贵在专。被称作“顾两丝”的钳工顾秋亮，练就了徒手感知0.2丝，即1/50发丝精度误差的绝活，让水下深潜的“蛟龙号”能承受1 400吨的压力；电力工人许启金把电力知识抄到小纸条上随时看，30多年来他抄写了上万张小纸条，消除了3 000多处安全隐患……专注才能深入，失去了专一的耐心和韧劲，不仅“坐不住”，更会失去定力、生出浮躁，最终难以成事。

“要敬业，更须精业”。既要一锤一敲的努力，日复一日的坚守；更要一点一滴的创造、一步一步地进取。坚持是基础，是成功的“老骥伏枥”；开拓是目标，是成功的“关键一跃”。正如制墨师傅汪培坤不顾漆烟致敏，几年来边打点滴边调配方，最后让失传百年的漆烟墨重现于世；正如谭文波，在日常工作中积累经验，成为行业创新的“土专家”。由量变到质变，需要深入一层的思考、需要递进一层的勇气。唯有如此，才能完成从尽职尽责到勤业精业的跨越，从优秀走向卓越。

“凡百事之成也，必在敬之；其败也，必在慢之。”态度懒懒散散，干事粗枝大叶，每个人做事“大差不差”影响不大，但放到一个行业就少了一分创新的能力，“中国创造”的品牌与竞争力就会差之千里。干一行，敬一行，钻一行，精一行，要求每个人都要在工作中练就自己的“金刚钻”。这需要我们多一些老黄牛式的敬业实干，多一些孺子牛式的勤业奉献，更多一些拓荒牛式的创新进取、精进卓越。

（一）敬业意识的内涵

自古以来，敬业就是中华民族的传统美德。宋代理学家朱熹曰：“敬业者，专心致志，以事其业也。”敬业就是要用一种恭敬的态度对待自己的工作，是从业人员认真履行岗位职责，兢兢业业、一丝不苟地对待工作。敬业意识作为最基本的职业道德规范，是对人们工作态度的一种普遍要求。具备敬业意识就意味着人们能够对自己所从事的职业具有敬重的情感，并对事业专心致志，恪尽职守。对于从业人员来说，要做到敬业，首先要热爱自己的工作岗位，热爱本职工作，即爱岗。而爱岗能使人产生强大而持久的工作动力，积极主动地投入工作中，从而做到敬业。因此，爱岗是敬业的基础，敬业是爱岗的延伸。

爱岗敬业是社会主义职业道德的根本体现，是对各行业工作人员最基本的要求，是其他职业道德规范的前提和基础，是为人民服务精神的具体化。

（二）敬业意识的本质

敬业的实质是热爱本职，忠于职守。热爱本职就是要求每位从业人员不论从事何种职业，都要尊重自己所从事的本职工作，勤勉努力、认认真真地完成各项工作。忠于职守就是在热爱本职工作的基础上，甘于奉献、恪尽职守、精益求精，把履行岗位职责视作高于一切的神圣使命，甚至在必要的情况下，能够忘我牺牲、以身殉职。

·知识拓展·

敬业意识的三种境界

敬业是从业人员安身立命之本。任何人要想做出一番成绩，就必须尊重并全身心地投入工作中。敬业有三种境界，分别是乐业、勤业和精业。

1．乐业

乐业是敬业的基础。“论语”有言：“知之者不如好之者，好之者不如乐之者。”可见，使人感兴趣的事物往往能够产生强大的精神动力。乐业的人通常对工作具有浓厚而持久的职业兴趣，即使工作劳动强度大、负担重，仍然能够从内心感受到愉悦和充实。他们把工作视为一件快乐、享受的事，乐此不疲地忘我工作。当前，在学生求职时，提倡“爱一行，干一行”的择业观念，就是鼓励学生要结合自己的职业兴趣而确定定位。

2．勤业

勤业即从业人员刻苦努力、勤勤恳恳地从事工作，积极主动地迎接挑战，顽强地克服重重困难和阻碍，坚持完成工作。古今中外，凡是成就一番事业的人，大多都具备顽强的毅力和勇气，勇于克服工作中的艰难险阻，最终取得了一般人难以企及的辉煌成就。俗话说：“台上一分钟，台下十年功。”这句话体现出辉煌成绩的背后往往是长期的坚持不懈、刻苦勤奋。

3．精业

业精于勤而荒于嬉。也就是说，人们只要做到勤业，必然能够达到精通业务、成绩斐然的境界。当今社会是知识经济的时代，科技发展日新月异，新工艺、新技术层出不穷，客观上要求从业人员具有强大的创新能力。因此，学生只有具备与时俱进的学习意识和能力，才能不断吸收新知识和新技能，才能实现个人的持续发展。

乐业、勤业、精业三者是相辅相成的。乐业是爱岗敬业的前提，是一种职业情感；勤业是爱岗敬业的保证，是一种优秀的工作态度；精业是爱岗敬业的条件，是一种执着的完美的追求。

二、敬业意识的培养

爱岗敬业的意义

（一）爱岗敬业的意义

1．爱岗敬业是践行社会主义荣辱观的具体体现

每个人都会从事一定的职业，将自己一天近三分之一甚至更多的时间用于职业劳动。可以这样说，职业劳动不仅为我们创造了赖以生存的物质条件，更是自己在职业岗位上去实现人生价值的重要途径。从古至今，正是由于无数劳动者的奉献与创造，才使人类社会不断向前发展。焦裕禄、孔繁森、郑培民等一大批党和人民的好干部都在本职工作岗位上呕心沥血、勤政为民。当“新冠”袭来，一大批平时并不引人注目的医生、护士和科研人员挺身而出，冒着生命危险，冲上第一线，拯救了一个个在死亡线上挣扎的同胞的生命，有人还为此献出了自己宝贵的生命。因此，只有大力弘扬爱岗敬业精神，才能顺利推进全面建设小康社会的伟大事业。

2．爱岗敬业能促进社会公德的提升

宋朝朱熹说，“敬业”就是“专心致志，以事其业”，即用一种恭敬严肃的态度对待自己的工作，认真负责，任劳任怨，精益求精。爱岗敬业是我国劳动人民的一个优良传统，是一种十分可贵的精神。如果全社会能够形成爱岗敬业的良好风气，不但能为我国创造出大量的物质财富，提高人民的生活水平，而且能够在全社会形成一种奋发向上的氛围，促进社会文明的进步。

3. 爱岗敬业是时代发展的必然要求

21世纪，人类进入全球化进程，面临的是激烈的国际竞争，同时也要求加强国际合作。时代要求每个人都要有爱岗敬业的奉献精神，提高劳动效率和服务质量，勇于开拓创新。这不仅是个人生存、行业发展的需要，更是使一个民族、一个国家生存和发展的主要因素。因此，无论一个国家还是一个民族，爱岗敬业的人越多，敬业精神越强，这个时代发展就越快，民族发展就越强，国家也就越有竞争力。

爱岗敬业是平凡的奉献精神。因为它是每个人都应该具备的，而且是可以做到的；爱岗敬业又是伟大的奉献精神，因为伟大出自平凡，没有平凡的爱岗敬业，就没有伟大的奉献。

全面建设小康社会的伟大事业，正呼唤着亿万具有爱岗敬业这种平凡而伟大的奉献精神的人。具备这种平凡而伟大的奉献精神的人，永远都是我们民族的脊梁！

（二）提升敬业意识的途径

具备敬业意识、担负主人翁的责任是每一位从业人员应该具备的职业素养，同时也是个体实现其社会价值的重要品质。因此，学生在校学习期间就要自觉提升敬业意识，可从下列几个方面着手：

1. 树立职业理想、强化职业责任、遵守职业纪律、提高职业技能

（1）树立职业理想。

俄国作家托尔斯泰曾说过：“理想是指路明灯，没有理想，就没有坚定的方向，就没有生活。”职业理想是人们职业发展的目标和方向。职业理想贯穿职业活动实践的始终，它决定着从业者的基本劳动态度。树立正确的职业理想不仅有助于正确地选择职业，明确职业发展方向，而且有助于学生在学习阶段充分调动自身的积极性和主动性，最大限度地施展自身的才华，从而实现未来的职业生涯目标。学生在树立职业理想时，要把个人志向、国家利益和社会需要有机地结合起来。

（2）强化职业责任。

职业责任是指人们在一定职业活动中所承担的特定的职责，它包括人们应该做的工作和应该承担的义务。每一个从业人员在本职工作岗位上都应该明确和认定自己的职业责任。充分发挥自身的潜力，增强职业责任的意识和能力。

（3）遵守职业纪律。

自觉遵守职业纪律是履行岗位职责的前提条件。没有规矩，不成方圆，如果人们对职业纪律置之不理，就会出现有令不行、有章不循的现象，必然导致工作出现无序和混乱。因此，在工作中，只有人人自觉遵守工作的规章制度，照章办事，才能使各项工作井然有序，从而提高工作效率。

（4）提高职业技能。

职业技能指学生将来就业所需的技术和能力。职业技能不仅能在人们确立职业态度、明确职业理想的过程中起到积极作用，而且是从业者职业理想付诸实现的重要保障。

学生是否具备良好的职业技能是能否顺利就业的前提。学生在校期间，不仅习得了一定的专业理论知识和技能，而且能够达到某种岗位的技能要求，毕业后就可以直接上岗，这在就业市场上非常有竞争力，为尽快适应工作环境奠定了基础。

2. 要实现个人价值与集体发展的有机统一

当前，学生具有个性张扬、唯我独尊的鲜明群体特征。在工作中，他们思路敏捷、创新意识强烈，往往能够为企业的发展注入新鲜的活力。从企业发展的角度来看，员工在尊重个性、追求个人价值的同时，也要关注集体利益，要站在企业集体利益的角度来处理问题。俗话说："大河有水小河满，大河无水小河干。"企业的发展壮大要依靠每个员工的辛勤奉献。这就要求从业人员要自觉投身到企业的工作中，把工作当成一项事业来热爱和完成。

3. 爱一行，钻一行

当前，就业实行的是求职者与用人单位的双向选择。毕业生有广阔的空间选择自己感兴趣的工作，"择己所爱"，这就为选择自己热爱的工作提供了前提条件。爱一行，钻一行。在现代社会里，职业分工虽然不同，但是没有高低贵贱之分。因此，每个从业者都要对自己的职业和岗位心存敬重之情。工作不仅可以提供一个谋生的手段，使人从中可以获得物质的生活来源，而且能够使个人的才能得到发挥，提供实施个人才华、实现个人人生价值的舞台。学生要以积极向上的态度来对待工作，热爱自己所选择的工作，敬重自己所从事的职业和工作岗位，这样才能够在工作中获得幸福感和荣誉感。

4. 塑造精益求精的工作态度

工作上追求更加完美，好了还求更好。对自己的工作要深入钻研、精益求精。仅仅完成自己的分内工作是对从业者最基本的要求，敬业意识更重要的是要充分发挥主观能动性，积极主动地深入钻研业务，具有创新意识和能力，以求取得更好的工作效果。当前，很多企业普遍建立了优胜劣汰的工作制度，企业也具有选择员工的自主权。一般企业都倾向选择踏踏实实、精益求精的员工。敷衍了事、缺乏敬业意识的求职者会越来越没有市场。

5. 养成良好的工作习惯

千里之行，始于足下。对自己的工作要做到尽职尽责、恪尽职守。作为一名合格的职业人士，在工作中，不管做什么事，都要敬业，做大事如此，做小事也是如此；一个人不管为谁工作，都要敬业，为自己工作如此，为他人工作也是如此。因此，在很多世界500强的公司中，一个合格员工的标准就是有效地把敬业变成一种习惯。如果将敬业变成一种习惯，那么员工就会拥有一流的工作能力。要想成为一名有作为的员工，就应该具备强烈的敬业精神，让敬业成为工作中的一种习惯，这样才能让自己成为一个堂堂正正的职业人士。

活动设计

测试敬业度

本测试旨在评测敬业度，测试由一系列陈述句组成，仔细阅读，按要求选择最符合自己情况的答案。

以下每题有三个选项：A. 完全符合；B. 基本符合；C. 不符合。

1. 不拿公共财物；
2. 在规定的休息时间后，及时返回学习或工作场所；
3. 看到别人有违反学校或公司规定的举动，及时纠正；
4. 能够保守秘密；
5. 从不迟到、早退；
6. 不做有损学校或公司名誉的任何事情；
7. 不管能否得到相应奖励，都能积极提出有利于集体的意见；
8. 关心自己、同学或同事的身心健康；
9. 愿意承担更大的责任，接受更繁重的任务；
10. 向外界积极宣扬自己所在的集体；
11. 把集体的目标放在第一位；
12. 乐于在正常的学习、工作时间之外自动自发地加班加点；
13. 在业余时间学习与工作有关的技能，提升职业素养；
14. 在学习时间不做有碍学习的事情；
15. 为保证工作或学习绩效，善于劳逸结合，调节身心；
16. 积极寻找途径获得外界对自己所在集体的支持；
17. 对集体的使命有清晰的认识，认同集体的价值观；
18. 能享受学习和工作中的乐趣；
19. 老师或领导布置的任务，即使有困难，也会想方设法完成而不是敷衍了事；
20. 积极参加集体组织的各项活动。

说明：

A 选项为 5 分，B 选项为 3 分，C 选项为 1 分。

40 分以下，敬业度较低；

40～59 分，敬业度一般；

60 ～ 80 分，敬业度上等；

80 分以上，敬业度优异。

注：学生可分组进行测试，测试完毕教师进行总结。

第四节　心存感恩　忠诚奉献

一、常怀感恩

很多用人单位的用人哲学是："会做事不如会做人，会做人不如会感恩。会感恩的人，其为人处世必定是主动积极的、乐观进取的、敬业乐群的。""抱怨不如感恩"，这是职场优秀人士的智慧总结。学会感恩，我们就会摒弃那些阴暗自私的欲望，使心灵变得澄澈明净；学会感恩，我们就会变得知足惜福，更加珍惜自己身边的一切；学会感恩，我们就能以一种更积极的心态去回报我们感恩的对象……感恩不仅是一种心态，更是一种动力，它推动我们奋勇向前。

◢ 案例

为讴歌党的辉煌历程和丰功伟绩，激发广大师生爱党爱国、爱社会主义的情感，庆祝中国共产党成立 100 周年，某学校以母亲节为契机，举办母亲节感恩茶会，对学生进行感恩教育及文明习惯的养成教育，让同学们在茶香中感念父母的深恩，在茶礼中感悟中国传统文化的精髓。

师生与家长在一片宁静、美好的氛围中席地而坐，开始泡茶品茶；随后，校茶艺协会的学员们一一向大家展示了红茶、花茶、绿茶茶艺的冲泡程序，大家在优雅古典的名曲中品出了大自然的气息以及"人生百味"的感悟。在茶艺展示的过程中，同学们纷纷向自己的母亲敬奉一杯茶，大家在活动中更加懂得了知恩、感恩、报恩的道理。

活动中还进行了党史小知识竞赛，营造了"学史明理、学史增信、学史崇德、学史力行"的浓厚氛围，让同学们在弘扬传统文化、增强文化自信的同时，坚定了听党话、感党恩、跟党走的决心。

本次活动营造了"知恩于心，感恩于行"的育人氛围，让同学们真正用心去感受深厚的母爱，了解母亲的辛劳，体会母爱的伟大，从而在校园树立尊重母亲、善待母亲、感恩母亲的良好风尚，对地区创建全国文明城起到了较好的推动示范作用。

（一）感恩是一种精神体现

随着社会的不断发展，人们对物质的追求也在不断增加。有些人把金钱和利益看得比生命还重要，成为新时代的“守财奴”。这些人和孔方兄非常亲近，却完全忽视了人与人之间的感情，觉得父母的悉心照顾、朋友的关心帮助都是理所当然的。忙忙碌碌的生活让我们忘记了感恩，也无暇去感恩，这不能不说是一种悲哀。其实，现实中有很多人和事值得我们用心去铭记、去感恩。哪怕是在日常生活、工作和学习中所得到的点点滴滴的关心与帮助，这些都展示出了无私的人性之美和不图回报的惠助之恩。常怀感恩之心，便会更加感激和怀想那些有恩于自己却不言回报的每一个人。正是因为他们的存在，才有了我们今天的幸福和喜悦。常怀感恩之心，又足以稀释我们心中狭隘的积怨，感恩之心还可以帮助我们度过最大的灾难和痛苦。感恩就像阳光一样，带给我们温暖和美丽。无论你从事何种职业，只要你胸中常怀一颗感恩的心，就必然会不断地涌动着诸如温暖、自信、坚定、善良等这些美好的处世品格。自然地，你的生活中便有了一处处动人的风景。

（二）感恩是幸福快乐的源头

感恩是幸福快乐的源头，唯有心怀感恩，我们才能快乐工作、幸福生活。幸福和快乐是大多数人的追求，但是很多人追求了很久甚至一生，想尽了一切办法，但还是没有实现，这是为什么呢？原因是他们忽略了什么才能够让他们幸福和快乐。能够让人幸福和快乐的源头是怀有一颗感恩的心。一次，美国前总统罗斯福家失窃，被偷去了许多东西，一位朋友闻讯后，忙写信安慰他，劝他不必太在意。罗斯福给朋友写了一封回信：“亲爱的朋友，谢谢你来信安慰我，现在我很平安。感谢上帝，因为第一，贼偷去的是我的东西，而没有伤害我的生命；第二，贼只偷去我一部分东西，而不是全部；第三，最值得庆幸的是，做贼的是他，而不是我。”对任何一个人来说，失窃绝对是不幸的事，而罗斯福却从中总结出了三条感恩的理由。

感恩不纯粹是一种心理安慰，也不是对现实的逃避，更不是阿Q的精神胜利法；它是一种歌唱生活的方式，它来自对生活的爱与希望。在水中放进一块小小的明矾，就能沉淀所有的渣滓；假如在我们的心中培植一种感恩的思想，就可以沉淀很多的浮躁与不安，消融许多的不满与不幸。唯有心怀感恩，我们才能快乐工作、幸福生活；只有心怀感恩，我们才会更加忠诚敬业。就像余秋雨所说的：“工作的追求、情感的冲撞、进取的热情，可以隐匿却不可以贫乏，可以超然而不可以清淡。”

勤奋工作是员工忠诚职业的重要表现，在工作中尽心尽力、积极进取，始终保持一种尽善尽美的工作态度，满怀希望和热情地朝着自己的目标而努力，就能够获得丰富的经验，就能够提升个人的能力，同时离成功也就更近了一步。心怀感恩，快乐工作，就是学会发掘自己蕴藏着的内在活力、热情和巨大的创造力，就是学会享受每一天的幸福。

如果你想使人生充满幸福和快乐，就请记住：感恩地活着，才会幸福快乐。

（三）心存感恩，懂得知足惜福

感恩是一种现实的满足，一种对现有的珍惜。最有福气的人就是心存感恩、懂得知足惜福的人。心存感恩，知足惜福，当我们用感恩的心对待每一件事，服务他人，用宽容大度、尽职尽责、勤勉工作来证明一切，就会忘掉困难、失败、无奈等诸多不愉快，心中充满美好，勇敢地、旷达地、积极主动地面对现实，那么你感受的绝不仅仅是心灵的宁静。一个怀有感恩之心的人，生活也必将赋予他最大的回报。

感恩才懂得珍惜，珍惜才知把握今天的拥有。对拥有的一切心怀感恩，会让你更懂得生活的意义。感恩是一种积极向上的阳光心态，更是鞭策自己、战胜自己的心理素质。感恩也是一种处世哲学，是生活中的大智慧。人生在世，不可以没有感恩之心，感恩之心会激发上进之心、报恩之志。对拥有的一切心怀感恩，珍惜现在才是最幸福的。

（四）感恩是获得能力的途径

英国的塞缪尔·约翰逊博士有一句名言：“感恩是伟大教养的果实，你不会在粗俗的人们中间发现这种品质。”懂得感恩，说明一个人对自己与他人和社会的关系有着正确的认识。在感恩的氛围中，人们对许多事情都可以平心静气；在感恩的氛围中，人们可以认真、务实地从细小的事情做起；在感恩的氛围中，人们真正做到严于律己、宽以待人；在感恩的氛围中，人们才能正视错误，互相帮助；在感恩的氛围中，人们才能成就生命和事业的辉煌。

一个懂得感恩的人会珍惜周遭的一切，善待别人；相应地，他在工作中一定会努力不懈，成为一个最佳的雇员或职业伙伴。对公司、对事业抱有感恩之心的人不会找借口来搪塞自己的工作，也不会做任何表面的工作来欺骗老板。他们认为勤奋工作是一种幸福，努力工作是对职务最好的回报，也是对自己、对别人最好的交代。有关专家表示，许多知名企业在招聘毕业生时，看重的并不是成绩单上的分数，而是他们处理问题的方式和融入企业的速度，换句话说，就是能否怀着一颗感恩的心去做人、做事。感恩是积极向上的思考和谦卑的态度，它是自发性的行为。当一个人懂得感恩时，便会将感恩化为一种充满爱意的行动，实践于工作中。

感恩的人，为人处世是主动积极、乐观进取、敬业乐群的，前途是不可限量的，而这正是任何一家公司招募贤才的首要条件。被誉为日本“经营之神”的松下幸之助经常教导员工要常怀一颗感恩之心。他认为，一个具有感恩文化的组织才会是一个充满凝聚力和竞争力的组织。

（五）感恩能够激发你无限的工作潜能

只有心怀感恩的人，才能视万物皆为恩赐，当我们心中充满感恩之情时，世界将会变得美好无比。此时无论是什么工作，我们都会满怀激情地去做好。感恩能够点燃我们工作的激情。对于职场人士来说，激情就如同生命。我们可以释放出潜在的巨大能量，塑造出坚强的个性；我们可以把枯燥乏味的工作变得生动有趣，使自己充满活力，培养自己对事业的狂热追求；我们可以感染周围的同事，让他们理解我们、支持我们，拥有良好的人际关系；我们更可以获得老板的提拔和重用，赢得宝贵的成长和发展机会。比尔·盖茨有句名言："每天早晨醒来，一想到所从事的工作和所开发的技术将会给人类生活带来巨大的影响和变化，我就会无比兴奋和激动。"因为拥有激情，我们变得活力四射、勇往直前，工作的疲态、困难也因此被清扫一空。

不管什么时候，如果我们把感恩的情绪融入所从事的工作当中，那么我们的工作激情就会被点燃，这项工作的质量也会得到改善，数量将大为增加，而工作所引起的疲劳感会也相对减少。

（六）感恩从踏实工作开始

有很多人把感恩挂在嘴边，却在工作中敷衍塞责，如果感恩不落实到行动上，最终只能沦为空谈。因此，感恩需要我们从身边的事做起，多一些务实，少一些浮躁。感恩，首先需要从认真和踏实工作开始。当今社会的浮躁和急功近利使不少人每天都在想办法寻求成功的捷径，一行动起来，就尽可能地钻空子、占便宜，而不愿踏踏实实地去做，到头来一无所获。其实无论做什么工作，我们都应该静下心来，脚踏实地去做。只要你认认真真地做事，你的成绩就会被大家看在眼里，你的行为就会受到上司的赞赏和鼓励。

没有将认真和踏实的态度贯穿工作中，这样的员工只是在奢谈感恩。只有能够帮助企业健康发展、使企业正常有序地运行的员工，才是以实际行动实践感恩的人。怀有一颗感恩的心，更要以踏实的行动来践行感恩。其实，只要能够勤奋地工作，认真、负责地处理工作中的日常事务，你就会赢得别人的敬重和支持。如果一个人不能踏实做事，那么他必然蹉跎岁月，又更何谈感恩？认真做事、踏实做好本职工作是一个人最基本的职业道德，也是最起码的职业标准。用心做好在职的每一天，踏踏实实做好现在的工作，做一名优秀的员工，才能逐渐积累自己的经验，提升自己的能力，增长自己的学识，才能以实际行动实践感恩。

二、心怀忠诚

（一）忠诚是职业劳动者成就事业最优秀的美德

1. 忠诚是职业劳动者成就事业最优秀的美德

衡量一个职业劳动者是否是优秀的，有许许多多的方面——能力、勤奋、积极、正直、有责任感……但有一点是肯定的，企业更愿意信任那些拥有忠诚的人，即使他的能力稍微差一些。当然，既忠诚又有能力的职业劳动者会更受欢迎。只要职业劳动者真正表现出对企业足够的真诚，就能得到企业的关注，企业也会乐意在职业劳动者身上投资，给他们培训的机会，提高职业劳动者的技能。因为职业劳动者值得企业信赖；无论他们从事什么样的工作，也都会有成功的机会。

（1）忠诚的含义。

忠诚就是忠实诚意，是对国家、人民、事业、朋友等尽心尽力。它要求我们忠实于国家、人民、理想、信念，诚心诚意地对待团体、朋友、友谊、爱情，踏实地做好本职工作。

忠诚，是一个有着悠久历史的人文概念。在文明古国中国，早在几千年前就有了对忠诚的定义及推崇："忠诚敦厚，人之根基也"（清·魏裔介），"忠诚是人生的本色"（清·黄宗羲），"君子诚之为贵"（《礼记》）。现代社会里，"忠"表现为人与人交往上的诚信，表现为职业劳动者对企业的忠心。

（2）拥有忠诚的人，才能得到企业的信赖，才能奠定成就事业的基础。

◢ 案例

小李经过多年努力已是一家公司的市场营销部经理，由于经济危机的影响，他不得不更换一份工作。

很多公司对小李都给出了优厚的报酬，但是小李不愿意为了优厚的报酬就拿手中掌握的原公司的客户资源做交易，这有悖于自己的做人原则，因此，他拒绝了很多公司的邀请。最后，小李决定到一家大公司应聘。

负责面试小李的是该公司市场营销部的总经理，他很欣赏小李的营销能力，但是他却提出了一个让小李很失望的问题。

"我们很高兴你能加入我们公司，你的资历和能力都很出色。我听说你掌握着原来公司的客户资源，如果你愿意把它提供给我们公司，公司一定会给你优厚待遇的。"那位市场营销部的总经理说。

"你的问题让我十分失望，虽然市场竞争需要一些非常手段，但我有义务忠诚于原企业，我认为信守忠诚比获得一份工作重要得多，你的这个要求我不能满足，请允许我告辞。"

就在小李准备寻找另一家公司的时候，那位总经理给了小李一封信，信中写道："年轻人，我非常荣幸地聘请你做我的副手，因为你不仅专业能力强，还具备比专业能力更重要的忠诚，这恰恰是我及公司需要的。"。

职业成功的因素有许多，最重要的因素不是一个人的能力，而是他具有忠诚的美德。一个能对自己原来公司忠诚的人也可以对其他的公司忠诚。一个人的忠诚不仅不会让他失去机会，相反会给他奠定成就事业的基础，机会总是青睐那些忠诚的职业劳动者。

忠诚对职业劳动者而言，主要表现为对企业的忠诚，而对企业的忠诚则表现为：忠实于企业，踏实干好本职工作，最大限度地为企业创造价值。当尝试着把自己的所学贡献给企业、把企业的困难当成自己的困难、为企业排忧解难时，职业劳动者会发现自己的生活、地位会因此而改变。其实，改变的不是生活和工作，改变的是我们的工作态度。正是这种踏实干好本职工作，最大限度地为企业创造价值，实现自我价值的工作态度和精神才让我们的思想变得开阔，让工作变得更有意义。拥有忠诚的职业态度，生活会因此焕然一新。

对职业劳动者而言，忠实于企业还表现为：当不可避免地要更换原来的工作时，不能为了一己私利出卖原企业的商业秘密，这不仅是违约行为，严重的还要构成犯罪；反之，如果职业劳动者能忠实于原来的企业，他换得的是人们的尊重和敬佩，换得的是新企业的重用和事业发展的机会。因为每一个企业都需要忠诚的职业劳动者，如果职业劳动者能忠诚原来的企业也能忠诚于新企业。

（3）失去忠诚的人失去企业的信任，最终失去成就事业的良机。

如果为了一己私利损害企业的利益，受到损失的终将是职业劳动者自己。职业劳动者最终将因失去忠诚而失去成就事业的良机。

在一个求新、求变的时代里，当整个世界都在谈论着“变化、创新”时，提倡“忠诚、敬业、服从、信用”之类的精神显得尤为重要。忠诚在任何国家、任何时代都是必要的。忠诚敬业并不仅仅有益于企业，最大的受益者应是职业劳动者自己。对职业的责任感和对事业高度的忠诚感一旦养成，会让职业劳动者成为一个值得信赖的人，一个可以被委以重任的人。这种人永远会被企业所看重，永远不会失业。世界需要这种人，成功者更需要这种精神。

2. 忠诚是人类共通的职业法则，是职业劳动者应恪守的职业态度

（1）忠诚是人类共通的职业法则。

在人类职业法则的取向上，无论是古代还是现代，无论是国内还是国外，忠诚是共通的职业法则。

（2）忠诚是职业劳动者应继承和发扬的中华民族的传统美德。

自古至今，人们都视忠诚为最高尚的美德。远指三纲五常、忠孝仁悌、精忠报国，近讲恪尽职守、忠贞不渝、赴汤蹈火、忘我牺牲……这些都是指忠诚。人们将忠诚视为真心待人、诚实做事的高尚情操，它意味着付出、责任甚至牺牲。忠诚是中华民族几千年继承和发扬的传统美德，是人们心目中最神圣的美德，是职业劳动者成就事业最重要的美德。职业劳动者若想成功，就必须持有一颗忠诚之心，对国家忠诚、对整个社会忠诚、对自己的理想忠诚，对企业忠诚。一个对企业忠诚的人，得到的是企业的信任，得到的是不断发展的机会。

忠诚是中华民族的传统美德。在竞争激烈的当今社会，职业劳动者首先要忠诚于企业，才能将所学贡献给社会和企业，进而获得不断发展的机会。拥有忠诚的人不仅能给自己带来心灵的满足、自我价值的实现，还能获得社会与企业的信任，给自己赢得更大的发展空间。忠诚是现代人赖以生存于社会的根本，也是职业劳动者应继承和发扬的传统美德。

（3）忠诚是职业劳动者应恪守的职业态度。

态度决定方法，态度决定一切。在人的一生中，最重要的是找到一项可以终身从事的职业，它能给自己带来快乐、发展、财富，它可以使自己全身心地投入，同时也能给自己相应的回报。那么，如何才能获得终生的事业机会？对于学生而言只有忠诚于自己的工作，全部智慧和精力才可以专注在这个事业上。忠诚的人无论走到哪里都会得到人的信赖；无论从事什么样的工作，都会有成功的机会。在众多能力相当的职业劳动者中，企业更重视的是他们的忠诚敬业程度。无疑，忠诚度最高、敬业度最高的人会是企业重用的对象。

职业劳动者忠诚于自己的企业，所得到的不仅是企业对自己更大的信任，他的所作所为还会让曾培养他成长的企业感到职业劳动者人格的魅力。如果背叛了自己的企业，将背负一辈子都无法擦拭的污点。没有企业敢用一个曾经背叛自己企业的人。因为，信誉是无形资产、信誉带来财富，只有忠诚的人才能拥有信誉、才能拥有财富。

忠诚不是从一而终，更不是愚忠，它是在倡导一种在严格遵守国家法律规范和做人的道德准则基础之上的一种职业态度。在这个社会中，流动是很正常的。然而，变化的只是环境，不变的是职业劳动者的忠诚。它是一种自始至终的责任，对企业的责任，对自己的责任。

（二）忠诚是职业劳动者求职立业的根基

1．忠诚是职业劳动者获得成功就业的首要条件

（1）称心如意的职业是毕业生实现理想的基础。

职业是实现人生理想的阶梯，是实现人生物质追求的主要手段，是贡献和激发人们聪明才智的平台。人的一生实际是以职业为依托，参与社会实践的一生。毕业生要想在激烈的市场竞争中脱颖而出，成就一番事业，就要从忠诚做起，托起自己明天的太阳。

谁不想拥有光辉灿烂的人生，谁不想拥有成功的事业呢？当迈入职业学校的大门的时候，当憧憬着美好未来的时候，可曾问过自己：如果有一个企业高薪聘用我，但前提是必须把手中掌握的现有企业的商业秘密带去，或者必须把自己主持的技术开发项目带去，我该如何选择？……职业教育培养的不仅是职业的人，更是社会的人。随着中国市场经济的发展与完善，就业和择业已经成为教育改革的重要内容，“双向选择”“自主择业”，成为校园与社会协奏曲的主旋律。知识经济时代的职业劳动者应该具备哪些素质才能成为同现代化要求相适应的，在生产、管理、服务第一线的应用型人才呢？忠诚

于企业、忠诚于事业是当今社会对职业劳动者职业素养、职业能力的要求，是毕业生就业、创业成功的前提和基础。

（2）忠诚是求职的“敲门砖”。

忠诚和敬业是相互融合在一起的。忠诚在于内心，敬业在于工作上的尽职尽责、善始善终、一丝不苟。将敬业当成一种习惯的人，就能从工作中学到更多东西，积累更多经验。他们会更受人尊重，即使没有取得什么了不起的成就，他们的精神也能感染他人，能引起他人的关注。

2. 忠诚是职业劳动者立业的根基

优秀学生不仅要做到忠诚于祖国、忠诚于理想、忠诚于家庭，更要做到忠诚于事业。

（1）忠诚于事业是职业劳动者生存与发展的基础。

无论是工人、农民还是军人，忠诚于企业、集体还是军队，是职业劳动者生存与发展的基础。不忠诚的人迟早会被企业淘汰。可以说，考察一名职业劳动者是否优秀，在所有综合素养中，忠诚排第一位。

个人离不开社会，是社会中的个体，离开了集体、企业，个人就无法生存。在集体、企业中，忠诚于集体、企业的人就能得到集体、企业的信任，获得良性的发展，背离集体、企业的人就会失去集体、企业的信任，最终被集体、企业抛弃。具有忠诚品质的人，其生存能力要强于不具备忠诚品质的人。

（2）要想获得一份稳定的工作必须学会从忠诚做起。

在世界经济一体化的时代，在物质产品极大丰富的今天，人们发现个人越来越无法脱离集体、企业而单独存在。一个丧失忠诚的人，不仅丧失了机会、丧失了做人的尊严，更丧失了求职立业的根基。职业劳动者要想获得一份稳定的工作，必须学会从忠诚做起。

3. 要做到忠诚就要做到忠而忘私

作为学生，忠诚于职业、事业、企业、集体的最集中的表现就是忠而忘私。

（1）不能为了眼前利益、个人私利而出卖集体、企业。

如果为了眼前利益、个人私利而出卖集体、企业，职业劳动者失去的是自己的未来，这是职场成功者的忠告。

（2）频繁的跳槽者将自食其果。

有许多缺乏忠诚度的人，试图通过频繁跳槽来改变自己的处境，而不是从自身找原因。跳槽直接受到损害的是企业，但从更深层次的角度来看，对跳槽者本人的伤害更深。无论是职场资源积累的断层，还是养成“这山望着那山高”的坏习惯，都会使自身的价值降低。这些人对自己的内心需求没有进行认真的反思，对自己奋斗的目标没有清晰地认识，自然无法选择自己的发展方向。人一生恐怕要走许多路，才能达到自己想要达到的地方。从职业的角度来看，一个人难免要调换几种工作。但是这种转换必须依托于整体的人生规划。盲目跳槽，虽然在新的工作环境里收入可能有所增加，但是，一旦养成了频繁跳槽的习惯，跳槽就不再具有目的，而成为一种惯性。久而久之，职业劳动者就不再勇于面对现实，积极主动克服困难了，而是在一些冠冕堂皇的理由下回避、退缩，整天幻想着跳到一个新的单位后所有的问题都迎刃而解了。这些理由无非是不符合自己的兴趣爱好、企业不重视、命运不济、怀才不遇、别人不理解等，其实，这往往导致了工作中的问题越来越多，而忠诚敬业的精神却渐渐消逝了。

实际上，换工作是一件正常的事情。但是每一次的转换，是否为职业劳动者带来正面的效益及自我提升，这是转换之前必须深刻思考的问题。很多人为了跟着流行走，只看到新工作、新公司表面的优点，却没有思考自我的工作态度与心情，在轻易地放弃原本熟悉的工作之后，却陷入另一个每天抱怨的恶性循环中。因此，要最大限度地实现人生价值，就要从忠诚做起，从忠而忘私开始。

思政园地

敬业是职业道德的灵魂，它为个人安身立命奠定基础，为社会发展进步注入活力。正是依靠敬业奉献，中华民族创造了灿烂的文明。敬业乐业的民族，必定是令人肃然起敬的民族；缺乏敬业精神的社会，难免被人诟病和轻蔑。

我们提倡的敬业，就是要增强事业心和责任感，追求崇高的职业理想，激发积极进取的奋斗精神，秉持认真负责的职业态度，锻造严谨细致的工作作风；就是要让敬业成为实现梦想的动力之源，以那么一股子干劲、拼劲、闯劲，续写中国奇迹，靠辛勤劳动、诚实劳动、创造性劳动，开创美好未来。

诚信是公民道德的基石，既是做人做事的道德底线，也是社会运行的基本条件。现代社会不仅是物质丰裕的社会，也应是诚信有序的社会；市场经济不仅是法治经济，更应是信用经济。“人而无信，不知其可也”。失去诚信，个人就会失去立身之本，社会就会偏离运行之轨。

我们倡导的诚信，就是要以诚待人，以信取人，说老实话、办老实事、做老实人。激发真诚的人格力量，以个人的遵信守诺，构建言行一致、诚信有序的社会；激活宝贵的无形资产，以良好的信用关系，营造“守信光荣、失信可耻”的风尚，增强社会的凝聚力和向心力。

——摘选自《人民日报》

素养训练

1. 活动设置

测测你的敬业程度

本测试是用来测试个人敬业指数的。请根据表 2-1 的题目，在“不同意”“有点同意、有点不同意”和“同意”三个选项中，选择适合自己的一项并画“√”。

【测试题目】

表 2-1 敬业程度测试表

题目	不同意	有点同意，有点不同意	同意
1. 不参与有损公司名誉的行动，即使这种行动并不违反规定			
2. 愿意提出对公司有利的意见或方法，不管能否得到相应的报酬			
3. 不泄露对竞争者有利的信息			
4. 在工作的同时还会注意自己的健康			
5. 愿意接受更繁重的任务，承担更多的责任			
6. 不拿公司的“一针一线”			
7. 在规定的休息时间之后，立即返回工作场所			
8. 看到有人违反公司规定时，立即向公司领导反映			
9. 凡与工作有关的事情，都会注意保密			
10. 不到下班时间，绝不离开工作岗位			
11. 绝不做有损公司名誉的事情			
12. 在促进公司商业利益的团体和场合中，能积极表现			
13. 不论在任何场合，都会主动维护公司的利益和形象			
14. 把公司的目标放在与工作无关的个人目标之上			
15. 专心本职工作，不兼任其他工作			

题目	不同意	有点同意，有点不同意	同意
16. 当天没有完成的工作，会在工作时间以外加班加点完成			
17. 不论在工作中或在工作以外，都会避免采取任何削弱公司竞争地位的行动			
18. 凡是支持公司的行为都会赞成			
19. 为了保证工作效率，尽力做到劳逸结合			
20. 在工作日的任何时间内，以及工作开始之前，绝对不喝酒			
21. 在业余时间，会研究与工作有关的信息			
22. 愿意购买本公司的产品或服务，尽量不去购买竞争者的产品或服务			
23. 能劝说家庭成员也采取有利于公司的行为			

【测试结果】

（1）如果“不同意”的项目有6个以上，表明你的敬业程度较低，需要好好反思自己的工作态度；

（2）如果“不同意”的项目有3～5个，表明你的敬业程度中等，属于无功亦无过的类型，还需要好好努力，争取更大的发展空间；

（3）如果“不同意”的项目有0～2个，表明你的敬业程度较高，如果能一直坚持下去，定会大有所为。

2. 自我提升

试分析在今后的工作者你将如何端正工作态度，提升敬业程度？

____

____

第三章 职业意识 焕发力量

学习目标

- 认知工匠精神、劳模精神的作用；
- 了解责任与责任意识的概念和作用；
- 认识行为规范的含义，注重时间管理；
- 熟悉职业心态的内涵，培养良好职业心态。

思政目标

能够意识到职业精神对人生的价值，树立正确的职业观念，自觉培养责任意识、规范意识。

案例导入

吴运铎13岁时，在熟人的介绍下，进入了富源煤矿的电机车间。不满三年，吴运铎就当上了小师傅，但他并没因此感到丝毫满足和自豪。

因为虽然每天做完了工作，但却不知道为什么要这样做。比如：发电机为什么会发电？蒸汽机和柴油发动机又为什么能日夜不停地旋转？于是，他决心向书本求教。

然而，他哪里有多余的钱去买书呢？为了学到知识，他下了狠心，一天少吃一顿饭，把当师傅一天挣3毛钱的工资存储一部分，日积月累，攒下钱来买书。

为了学习，他用旧木箱子当书桌，创造了一个简易“书房”。就是在这样艰苦的条件下，吴运铎凭借坚韧不拔的毅力，坚持学习了许多机电方面的专业知识。

1947年，吴运铎第三次负伤，从死亡线上跌跌撞撞地挣扎过来，伤口刚刚愈合时就要求出院，并请求上级在疗养院里建一个化学实验室。

吴运铎专心致力于引信研究，实验工作经历一次失败，他就十次、二十次地再实验。再失败，他就继续实验一百次、两百次。最后，他成功摸索出了高级炸药的制造方法！

从一名普通工人成长为我国的兵工专家，与吴运铎一生刻苦钻研、精益求精的科研精神分不开的。

他曾这样说：“我们时代的年轻人，虽然不是驴推磨似的打发日子，但如果我们今天不比昨天做得更好，学得更多，那么生活就会失去意义。”

几十年过去了，这句话依然能带给我们深深的思考和无尽的鼓励。

【思考】

学生应如何树立精益求精的职业精神？

第一节 职业精神 持续发展

职业精神是与人们的职业活动紧密联系、具有自身职业特征的精神。社会主义职业精神是社会主义精神体系的重要组成部分，其本质是为人民服务。毕业生不仅要有为人民服务的决心，更要有能力。学生如果从现在开始培养企业所需的职业精神，那么就一定能提高为人民服务的能力，成为企业需要的有用的人才。

一、一丝不苟 踏实稳重

（一）一丝不苟地做事的含义及意义

1. 一丝不苟地做事的含义

苟：苟且，指做事马虎。丝：计量单位。一丝不苟地做事是指做事很细心，丝毫不马虎，连最细微的地方也不放过。

认真做事只是把事情做对，用心做事才能把事情做好。一丝不苟地做事才能把事情做细、做精。

2. 一丝不苟地做事才能体现严谨精细的作风

“泰山不拒细壤，故能成其高；江海不择细流，故能就其深”。随着科学技术在生产中的广泛应用，严谨与精细已经成为企业在竞争中取胜的法宝。可以说，哪个企业生产的产品能够达到严丝合缝的精度，哪个企业就会在激烈的市场竞争中脱颖而出，哪个劳动者生产的产品能达到严丝合缝的精度，哪个劳动者就能在激烈的市场竞争中崭露头角。要做到严谨与精细，首先要做到严谨地做事、严格地按照规范要求做事，不论是从企业的内部管理，还是外部的市场营销、客户服务，能否做到严谨与精细关系到企业的前途，关系到个人的成败。

毕业生总想轰轰烈烈地做大事，成就一番伟业，这没有什么不好，但关键是，有多少人能天天轰轰烈烈、天天做大事呢？更多的人是过着平凡普通的生活，做着单调琐碎的事情，但这就是生活的每一天，工作的每一小时，是成就大事不可缺少的基础。因此，要想取得成功，就要做好每一件力所能及的小事，就要做到严谨、严格地做事，就是要一丝不苟地做事。

（二）如何做到一丝不苟地做事

在今天激烈的市场竞争中，成功是每一个从业者追求的，但如何取得成功，却需要学习。那么，如何才能做到一丝不苟地做事呢？

1. 做事严格执行标准，确保遵守规则

加入 WTO 后，许多企业按照国际标准实行了质量管理，它要求从业者要严格执行质量标准，不能有丝毫的马虎，这就要求从业者具备遵守规则、执行规则的意识和能力，而目前这方面是从业者十分缺乏的。柳传志回想联想的发展历程时说，联想就是从制定“小”规定逐渐培养一种严格遵守规则、执行规则的规则意识开始发展的。对规则的尊重和严格执行，使得联想用高质量的产品和服务获得了广大客户的认可，企业也因此获得了迅速的发展。毕业生应从遵守“小”规定开始，逐渐培养一种严格遵守规则、执行规则的规则意识及能力，只有这样才能成为企业需要的人才。

2. 严谨地做好每一件事，确保把事情做到实

有位心理学家分析，现在许多人认为自己匆忙、烦恼的原因是人心理上形成了一种错误的图像，似乎随时都会有什么事情等着自己去做，由于事情多，就敷衍塞责、粗心大意。正确的认知是无论自己在一天中有多忙碌，时间有多紧迫，也要把这一天的事情一件一件地安排好次序，一个一个地解决。如果不能都解决，就从先解决一件事开始。这样就不会忙中出错了。很少有人能在一生中，把每一件事都做好，但能做到的是，把眼前的事情做好，先把一件事做到严谨周到，这样日积月累就能成为行家里手。一生严谨地做好一件事中的“一”，不是唯一，而是坚持的意思，是踏踏实实、始终如一地做好每一件事。每天严谨地干好一件事，每年干好一件事，一生干好一件事，始终如一，最终才能收获成功的微笑。

3. 全力以赴去做事，确保把事情做到位

许多时候，我们并不缺乏做事的热情，缺乏的是一种全力以赴做事的决心和行动。如果能够全力以赴地去做事，总会为自己赢得发展的机会的。美国前国务卿柯林·鲍威尔回忆他在汽水厂做清洁工作的经历时说：“这一段经历让我明白了一个道理，那就是：做事一定要全力以赴，细致周到地把事情做好，不管你做什么，总会有人关注你的。”

每个从业者只有全力以赴、细致周到地去做每一件事情时，才会在实干中发现应该努力提高的地方，才会有机会创造继续发展的平台。如果每日只是得过且过，不思进取，即使机遇在自己面前也会被自己错失的。毕业生应明白这个道理：都是做事，敷衍塞责地做事也浪费了每日的大好时光，如果能全力以赴地做事，时间没有改变，但改变的是企业对从业者的评价，得到的是企业的认可，人们的尊重，这样多有意义。为什么不试着去做有意义的事情呢？作为学生从现在开始注意培养自己全力以赴、细致周到的职业精神。因为只有遵循全力以赴、细致周到的职业精神，个人才会得到人们的尊重和认可，才能获得职业发展的机会。

二、认真细致 精益求精

◢ 案例

唯有薪火相传，才能让核电事业生生不息。目前，在乔素凯团队的努力下，中广核集团已有了5支优秀的大修换料队伍，共160余人。乔素凯带领的团队先后培养了5名换料顾问、30多名换料主管及50多名换料机操作员。

乔素凯说：“看到身边不断涌现出优秀的燃料师，使我更加有底气、有信心把守护核安全的神圣使命履行好。”

让我们来看看徒弟眼中的乔素凯！来听听从起重机少年到大国工匠，乔素凯与中国核电共成长的故事。

华先锋：一个动作让我们重复练上百次或上千次。

2012年，第一次跟着师父乔素凯操作核燃料时的画面，华先锋至今仍记忆犹新。“师父站在横跨于核燃料水池中央的桥吊上，操作熟练、对位精准。我当时就想，这怎么可能呢？”华先锋说，真是感恩跟着师父学习，他把核燃料操作技能全部传授给大家了。

核燃料师，对人手的操作要求特别高。要利用4米长杆对核燃料组件进行修复，手感不好的话，会影响操作结果，使核燃料组件出现缺陷。因此，师父在带徒弟的时候，就会“逼”着大家跟他一起苦练操作技术。

“师父根本不允许我们有失误，一个动作会让我们重复做上百次或上千次，他说自己年轻时就是这样训练的。师父话不多，很多时候都是言传身教，我们在练习，他也在练习，会用实际行动告诉我们操作的注意事项。”华先锋说，自己刚上班时并不理解师父，觉得他太苛刻了，已经可以熟练掌握了，干吗要那样一遍遍练个没完，真是挺累的。可是随着对核燃料操作工作的了解，亲身体验了师父对于核电工作的敬畏和严谨之后，他再也不叫苦叫累了。华先锋说：“我们的工作真的需要一次做好一件事，因为真的没有让你返工的机会。师父常跟我们说，‘每一步操作都是全新的，要避免风险就得稳稳当当做好每一步，这和之前安全操作多少步都没有关系！’

现在，我也有了徒弟，师父的这些话都成为我的行事准则，对我的徒弟们也照样执行。”

陈鹏尹：师父的点子多，创新技术很“潮”

“师父总在不停地琢磨，经常迸发出金点子。只要一有灵感，就和我们一起‘头脑风暴’，各种点子碰撞，会产生一个特别好的创新方案。跟着师父一起工作，有挑战也挺刺激的。”陈鹏尹说，跟核燃料打交道，经常需要不断重复一个个看似相同的动作，似乎有些“枯燥”。但是，师父点子多，创新技术很“潮”，徒弟们都干得很有劲，很有成就感。

“师父有21项国家专利。这些专利都是我们在操作和修复核燃料组件过程中遇到问题后，自主研发的设备和工具。其实，本不用这么麻烦。因为在大亚湾核电站建设之初，法国人曾经打包卖给核电站很多相关设备，用这些设备就可以。可是师父认为，我们不能太依赖外国人，被别人牵着鼻子走，他觉得中国人也能设计出自己的产品来，所以就不停地研究、创新。”陈鹏尹说。师父爱观察、爱琢磨，总在了解学习当下先进的技术，看这些技术能否应用到创新项目中去。比如：改进的二代单棒高清检查系统，使用摄像微距技术，可以放大20倍清晰地看到核燃料棒的缺陷，以便及时修复。

（一）精益思想的由来及含义

现代化大生产要求在统一中提高劳动生产率，市场竞争要求在差异中寻求发展。那么，在统一的大生产中能发现细小的差异就是成功的前提。认真细致、精益求精就是用发现细小问题的眼光和方法，达到生产上的精益求精，实现劳动效率的提高，这既是生产创新的方法又是职业的智慧。因此，只要我们认真地对待生活、对待工作，就没有什么战胜不了的困难，就没有攀登不了的高峰，就一定能凭我们的双手开创成功的未来。认真是细致的前提，精益求精是细致的最高要求。

1. 精益思想的由来

1973年的石油危机，使日本的汽车工业闪亮登场。在其他汽车制造企业纷纷效益下滑甚至破产的时候，丰田公司的业绩却开始上升，以丰田的大野耐一等人为代表的精益生产方法开始受到世人的瞩目。精益生产的创始者们，创立了独特的适合日本国情的汽车生产方法：多品种、小批量、高质量和低消耗的精益生产方法。曾在丰田公司工作过的美国密歇根大学日本技术管理教程主任约翰·舒克说：“丰田生产体系需要大量详尽的计划、严格的纪律、勤奋的工作和对细微之处的专注”。正是由于它的出现是经历了市场检验的结果，所以它的成功方法被推广到制造业以外的所有领域，尤其是第三产业，把精益生产方法扩展到企业活动的各个方面，促使人们思考如何用较少的人力、较少的设备、较短的时间和较小的场地，创造出尽可能多的价值，这就是精益思想的核心，也是我们需要认真思考和身体力行的。

提高产品质量、降低消耗、以最少的投入得到最大的产出，这是企业追求的增产增效的方法。对于从业者个人而言，将追求更好、更精、更细作为对自己工作的要求时，才能成为企业需要的人才。

2. 认真细致和精益求精的含义

认真是指以严肃的态度或心情对待工作。细致是指精细达到顶点。精益求精中的精是指完美；益是指更加。精益求精是指已经好了还要求更加好。认真细致、精益求精是指以严肃的态度把事情做到最完美。认真是工作态度，精细周密是工作的方法，追求极致、完美是工作的境界。

学生要从日常生活和工作中的小事出发，把小事做好，才能成就大事。连小事都不能做好的人，如何期待他去做成大事？只有把小事做好，才能做到认真细致地做好自己的本职工作。一个人的工作精神、工作面貌就是在工作无小事的态度中体现出来的。看不到细节，或者不把细节当回事的人，对工作往往缺乏认真的态度，对事情常常是敷衍塞责，马虎大意，得过且过。而考虑细节、注重细节的人，不仅认真对待工作，将小事做细，而且在细节中能发现问题寻找机会，从而使自己走上成功之路。事实证明，把小事做好的人，心中装着的是对社会的“大责任”，也唯有那些心中装着“大责任”的人才能留心“小细节”，才能做好“小细节”。

（二）如何做到认真细致、精益求精地做事

◢ 案例

德国工程师注重细节的设计，这是值得中国工程师借鉴的，其中三级台阶的设计就很有代表性。进入地铁口，必须踏上三级台阶，然后再往下进入地铁站。这本身没什么特别，但就是这三级台阶，在下雨天既阻挡了雨水倒灌，又减轻了地铁的防洪压力，提高了运营效率。自一号线运营以来还没有动用过防洪设备，为什么看上去并不特别的设计却能发挥这样的功效呢？因为上海地处华东，地势平均高出海平面就那么有限的一点点，一到夏天，雨水经常会使一些低层的建筑物进水而造成损失。德国的工程师设计室外出口时就注意到了这一细节，巧妙地设计了三级台阶，避免了损失的发生。

德国工程师巧妙的设计得益于他们认真细致、精益求精的职业精神，这是值得我们学习的。我们在引进世界先进技术的同时，也要学习他们认真精细的职业精神，这样才能让我们找到差距，弥补不足，更快发展。

1. 精细地做好每一件事

辩证唯物主义认为，共性寓于个性之中，个性离不开共性。要想在激烈的市场竞争中，有所创新有所发现，首先要具备从共性中发现个性的能力，这种能力是需要逐渐培养的。精细地做好每一件事，就是这种能力的一种表现。精心的前提是用心，很多学生做事的

热情很高，也很想把事情做好，但常常收效甚微，一个很重要的原因就是难以用心发现事物共性中的个性，进而不能发现事物细微之处的变化，不能及时把握事物的差异，结果很难为自己营造发展的机会，更不能创造佳绩。

2. 精心地做好每一件事

精心地做好一件事，许多人都能做到，但精心地做好每一件事，恐怕就不容易了，这不仅需要具备精益求精的职业精神，更重要的是要有持之以恒的决心和行动，更要有遇到困难不退缩的顽强意志。只有有意识地训练，才能最终养成精心做好每一件事的习惯。这种有意识地培养应从职业工作中遇到的小事做起，例如，一名某品牌的销售人员就要注意培养自己细心收集消费者购买和使用后的反馈信息的习惯，如消费者关心的是款式、品牌、产地、质地等信息，还是关心舒适度、时尚感等信息，对这些信息有了仔细的了解后，就能对产品的更新、换代、功能等提出有价值的建议，也会为自己将来创业积累成功的资本。精心地做好每一件事最后受益的是自己，积少成多、积水成渊就是这个道理。

3. 精确地做好每一件事

每一项科学成果的发现需要研究人员认真进行数据的验算，哪怕一个小数点的变化也会使结果大相径庭，这是众所周知的事情。但是人们在具体工作中，设计或生产产品时就把精确地进行科学研究的这种精神置之脑后，结果常常有因一个小细节的忽略或失误造成巨大损失的事情发生。2003 年 2 月 1 日，美国哥伦比亚号航天飞机返回地面着陆前意外发生爆炸，飞机上的 7 名宇航员全部遇难。事后的调查表明，造成这一灾难的罪魁祸首是一块脱落的隔热瓦，这块隔热瓦是航天飞机上 2 万余块之一，它们的用途是为了避免航天飞机返回大气层时被 3 000 摄氏度的高温所融化。这意外的爆炸使世界一片震惊。震惊之余，人们思考是什么造成了这么惨重的损失，不是技术不先进，而是使用技术的人没有具备先进的职业理念，才导致了惨剧发生。世界开始关注细节，企业开始关注细节，个人开始培养自己重视细节的习惯，才有了“成也细节、败也细节”的理念流行。毕业生应从现在开始培养自己精确工作的意识和精确工作的能力，那么就能迎接未来的挑战，成为因细节成功的人之一。

精心、精细、精确地做好每一件事，自觉养成认真细致、精益求精的职业精神，才能成为企业所需要的优秀员工。

三、自立自强　工匠精神

◢ 案例

第 46 届世界技能大赛将于 2021 年在中国上海举办。2019 年 8 月 26 日晚，第 46 届世赛组委会揭晓了第 46 届世赛的吉祥物、主题口号。经过向全社会公开征集，第 46 届世赛吉祥物确定为一组一男一女卡通图案，男孩叫“能能”，女孩叫“巧巧”

（图 3-1），寓意“能工巧匠”。吉祥物整体造型是上海地标建筑——东方明珠，他们身着工装服，戴着防护镜和工作手套，手上托着代表传统工匠精神的鲁班锁，竖起大拇指，敞开双臂，意味着欢迎全球技能健儿来到上海同台竞技，合作交流。第 46 届世赛主题口号为“一技之长，能动天下 (Master skills，Change the world)”。这一主题口号寓意着技能是推动人类文明发展的原动力，是全球共同的财富；掌握技能，改变世界、引领未来、造福人类。

图 3-1 上海世界技能大赛吉祥物

（一）“工匠精神”的基本内涵

“工匠精神”的基本内涵

在《现代汉语词典》中，工匠的解释是“手艺工人”。传统意义上的工匠可理解为“手艺人”，即具有专门技艺特长的手工业劳动者。《韩非子·定法》说：“夫匠者，手巧也……”可见手艺精巧是工匠的基本特征之一。现在对工匠的理解除了手艺人之外，还包括技术工人或普通熟练工人。古往今来，工匠精神一直都在改变着中国，改变着世界：木匠祖师鲁班、活字印刷发明者毕昇、造桥匠师李春……中国人从来都不缺乏工匠精神，因为它和中华民族传统文化精神同源。早在 2300 多年前，《庄子·达生》篇中曾记载了一位鲁国木匠梓庆，全文仅 146 字，朴实无华地述说了一位中国匠人的精神境界与风骨：专注守心，物我两忘，执着技艺。

历史长河滚滚向前，中华民族的工匠精神在岁月的沉淀洗礼中焕发出了崭新的时代内涵。习近平总书记于 2019 年我国技能选手在第 45 届世界技能大赛上取得佳绩后做出重要指示：“弘扬精益求精的工匠精神，激励广大青年走技能成才技能报国之路。”

工匠精神的内涵和技能报国的外延，是新时代工人阶级优秀品质的集中体现，是新时代激励广大职工实现中国梦的强大精神力量。

新时代的中国工匠精神，除了具有一般意义上工匠精神的内涵，还具有自身的特殊性：既是对中国传统工匠精神的继承和发扬，又是对外国工匠精神的学习借鉴；既是为适应我国现代化强国建设需要而产生，又是劳动精神在新时代的一种新的实现形式，它与劳模精神、劳动精神构成一个完整的体系，成为激励广大职工实现中华民族伟大复兴的强大精神力量。“工匠精神”的基本内涵包括敬业、精益、专注、创新等方面的内容。

1. 敬业

敬业是从业者基于对职业的敬畏和热爱而产生的一种全身心投入的认认真真、尽职尽责的职业精神状态。中华民族历来有“敬业乐群”“忠于职守”的传统，敬业是中国人的传统美德，也是当今社会主义核心价值观的基本要求之一。早在春秋时期，孔子就主张人在一生中始终要“执事敬”“事思敬”“修己以敬”。“执事敬”，是指行事要严肃认真不怠慢；“事思敬”，是指临事要专心致志不懈怠；“修己以敬”，是指加强自身修养保持恭敬谦逊的态度。宋代大思想家朱熹将敬业解释为“专心致志，以事其业”。

2. 精益

精益就是精益求精，是从业者对每件产品、每道工序都凝神聚力、精益求精、追求极致的职业品质。所谓精益求精，是指已经做得很好了，还要求做得更好，“即使做一颗螺丝钉也要做到最好”。正如老子所说，“天下大事，必作于细”。能基业长青的企业，无不是精益求精才获得成功的。

精益求精是注重细节，追求完美，不惜花费时间和精力，孜孜不倦，反复改进产品。优秀的工匠是不允许自己出败笔的。因为工匠的作品不光是用来换取金钱的商品，更是倾注了自己心血的艺术品。对技术精益求精，对作品精雕细琢，不是为了用诚意之作换取“业界良心”的用户口碑，而是为了不愧对自己的“工匠灵魂”。瑞士手表得以誉满天下、畅销世界、成为经典，靠的就是制表匠们对每一个零件、每一道工序、每一块手表都精心打磨、专心雕琢的精益精神。

工序有先后，精细有标准。只有严格控制每一道工序、跟紧每一道流程，做好每一个环节，保证每一个步骤都做到最好，才能有精美的作品问世。越是环环相扣、步步相连的工艺，越需要把每一个步骤都严格做到位、不允许有一点点的偏差才行。假如每一道工序都可允许 0.1% 的不合格率，那么一个流程（假设由 100 个工序组成）下来，那产品的合格率就可想而知了。所谓失之毫厘，谬之千里就是如此。将每一个步骤及环节都按要求做到位，就是将工作的每一个细节精雕细琢、精益求精。按步骤、依环节，就是按流程、体系做事。

优秀的人往往不想给自己留下败笔与遗憾，尽量把事情做得尽善尽美。特别是那些具有工匠精神的人，为了做出毫无瑕疵的精品，甚至愿意付出常人不敢相信的代价。对于他们来说，品质就是生命，有败笔等于是要了命。这种不断超越自我追求完美的生活态度，在世人眼中是艰辛和痛苦，在大师眼中却是无与伦比的快乐。

3. 专注

专注就是内心笃定而着眼于细节的耐心、执着、坚持的精神，这是一切“大国工匠”所必须具备的精神特质。从中外实践经验来看，工匠精神都意味着一种执着，即一种几十年如一日的坚持与韧性。德国除了有人们耳熟能详的奔驰、宝马、奥迪、西门子等知名品牌之外，还有数以千计普通消费者没有听说过的中小企业，它们大部分“术业有专攻”，一旦选定行业，就一门心思扎根下去，心无旁骛，在一个细分产品上不断积累优势，在各自领域成为“领头羊”。其实，在中国早就有“艺痴者技必良”的说法。古代工匠大多穷其一生只专注于做一件事，或几件内容相近的事情。《庄子》中记载的游刃有余的“庖丁解牛”、《核舟记》中记载的奇巧人王叔远等大抵如此。专注是工匠最宝贵的品格之一，也是现代人最缺乏的品质之一。荀子说：“无冥冥之志者，无昭昭之明；无惛惛之事者，无赫赫之功。”这句话的大意是：人要能静下心来保持精神专注，这样才能做到头脑清晰、思虑明澈，从而正确地为人处事，进而建立功勋。不能保持专注是工匠精神的大忌，也是降低效率的头号杀手。于纷乱喧嚣中保持浑然忘我的状态，把所有的智慧与心力聚焦于手头的工作，是工匠最令人肃然起敬的地方。专注就是集中精力、全神贯注、专心致志。专注不是三天打鱼，两天晒网。

专注不是一分一秒，专注有时需要一年、十年、二十年、五十年，多年如一日地把一件事情做好，把一件产品做完美。专注是集中了时间、集中了精力、集中了资源、集合了智慧做好一件事，做完美一件产品。正因为专注了，所以才能最大限度发挥自己的积极性、主动性、创造性，创造出最好的产品，达到专业。

在专业化程度越来越高的现代社会，工作对个人的知识和经验不断提出更高、更广、更深的要求。一个做事总是摇摆不定、变来变去的人，只会将自己长时间积累的经验和资源在自己的摇摆和变动中全部舍弃掉，而无法强化自己的专业知识，无法形成自己的核心竞争力，最终也就无法超越他人，更别提什么行家里手了。事实证明，一个人若离开原来的工作转而从事新的工作，那他多年所积累的资历、经验和人际关系等，会一同损失掉。也就是说过去花费在这份工作上的时间成本可能变得完全无用了。这样的人在事业上是很难站稳脚跟的。最终，只会在激烈的竞争中失败，被淘汰。

在社会分工越来越细的今天，专家比杂家更容易得到收获，一名专科医生比全科医生更容易成为行业的佼佼者。三十六行，每个行业的细分领域都值得我们穷其一生的精力去钻研和奋斗。任何一个大师级的人物，都是坚持把自己业内的事情做通做透。

人的时间是有限的，精力是有限的，机遇也是有限的。在有限的时间里只能做有限的事情，与其东一榔头西一棒子、蜻蜓点水地做事情，不如专心致志地“钉钉子”。专注让我们可以更专业，让我们能够有更多的时间和精力去突破自己的“成长上限”。尤其当我们始终在一个方向上加力，终将使得最终的合力达到最大。而如果把精力分散到不同的领域，则很容易使得在每一领域都很平庸。因此我们应该将自己的注意力长时间地集中在一个领域，用心地去探索这个领域内的规律。

4. 创新

“工匠精神”强调执着、坚持、专注甚至是陶醉、痴迷，但绝不等同于因循守旧、拘泥一格的“匠气”，其中包括追求突破、追求革新的创新内蕴。这意味着，工匠必须把“匠心”融入生产的每个环节，既要对职业有敬畏、对质量够精准，又要富有追求突破、追求革新的创新活力。事实上，古往今来，热衷于创新和发明的工匠们一直是世界科技进步的重要推动力量。新中国成立初期，我国涌现出一大批优秀的工匠，如倪志福、郝建秀等，他们为社会主义建设事业做出了突出贡献。改革开放以来，“汉字激光照排系统之父”王选、“中国第一、全球第二的充电电池制造商”王传福、从事高铁研制生产的铁路工人和从事特高压、智能电网研究运行的电力工人等都是“工匠精神”的优秀传承者，他们让中国创新重新影响了世界。

（二）工匠精神的时代意义

从一桥飞架三地的港珠澳大桥到时速350公里的京张高铁，从北斗卫星导航系统到空间站天和核心舱……一个个超级工程、一件件国之重器、一项项高精尖技术背后，除了科技发展的突破，也离不开工匠精神的支撑。我国有超过1.7亿技术工人活跃在各行各业，他们是支撑中国制造、中国创造的重要力量，肩负着我国从制造业大国迈向制造业强国的时代使命。

2019年9月，习近平总书记对我国选手在世界技能大赛上取得佳绩作出重要指示强调：“要在全社会弘扬精益求精的工匠精神，激励广大青年走技能成才、技能报国之路。”2020年11月24日，习近平总书记在全国劳动模范和先进工作者表彰大会上指出：“在长期实践中，我们培育形成了爱岗敬业、争创一流、艰苦奋斗、勇于创新、淡泊名利、甘于奉献的劳模精神，崇尚劳动、热爱劳动、辛勤劳动、诚实劳动的劳动精神，执着专注、精益求精、一丝不苟、追求卓越的工匠精神。”

在工业化信息化时代，为什么要提倡工匠精神呢？

1. 提倡工匠精神是促进我国制造业转型升级的需要

“十三五”时期，我们仍然面临着经济发展方式转型和产业结构升级的重大任务，而要完成这一任务，实现由制造大国到制造强国的转变，实现由中国制造到中国创造的跨越，离不开广大职工的创新和创造，离不开对工匠精神的继承和发扬。

2. 提倡工匠精神，是实施“一带一路”倡议

推动中国制造走出去的需要。当前，在中国制造走出去的过程中，一些产品的质量也常常受到诟病，迫切需要提高产品质量。因此，要在竞争中取胜，关键在于提高中国制造的产品质量。只有充分发扬工匠精神，培养大批高素质的大国工匠，才能打造高质量的产品，提高企业的核心竞争力，推动中国制造走出去。

3. 提倡工匠精神，是满足个性化定制、柔性化生产的需要

李克强总理在2016年《政府工作报告》中提到，鼓励企业开展个性化定制、柔性化生产，培育精益求精的工匠精神，增品种、提品质、创品牌。在这里，工匠精神是和个性化定制、柔性化生产并提的，这说明，随着信息化时代的到来，重提工匠精神具有某种历史必然性。

（三）大国工匠的培养与工匠精神的培育

培养大国工匠与培育工匠精神是一个系统工程，需要方方面面的共同参与和努力。

1. 工会要在工匠精神和大国工匠培育中发挥更大的作用

从工会的角度来看，建设职能、教育职能是工会具有的两个重要职能，提高职工素质，教育和鼓舞职工在国家建设中建功立业，是工会的重要任务。在新中国工业发展历史上，我们大力提倡“干一行爱一行、干一行钻一行”，给予高级技工很高的荣誉和待遇，培养出了大量优秀的高级工匠。在新的历史条件下，工会应当继承和发扬优良传统，抓住机遇，在培养大国工匠和培育工匠精神中发挥更大的作用。

2. 需要在全社会重塑劳动光荣的理念

工匠精神的缺失，从根本上看是劳动光荣理念的缺失。因此，培养大国工匠，提倡工匠精神，首先要大力弘扬劳动光荣的理念，纠正轻视劳动特别是轻视普通劳动者的不良风气，重视职业教育，创新教育体制，为培育大国工匠，重塑工匠精神营造良好的社会环境。

3. 重视对大国工匠的教育和研究

对大国工匠的教育和研究要在科研与教学相结合上下功夫。要就大国工匠涉及的政策背景、历史脉络、文化体系、技术标准、结构优化、平台建设、成果应用、服务社会等多环节、多方面进行全面、深入和系统的研究，从而为大国工匠和工匠精神的培养教育做出更大的贡献。

四、劳模传承　弘扬精神

◢ 案例

尹星是青岛地铁集团有限公司运营分公司运营二中心车辆部一名工程车检修工，荣获“2020 年全国劳动模范”称号。

尹星虽年近不惑，但学业务理论钻劲十足；言语不多，但在疑难故障面前眼睛发亮。多年来，他主导实施技术创新项目 20 多项，获得国家实用新型专利 10 项；发表技术论文 35 篇。为实现“科技保安全”目标，他主导完成的科技创新项目《运行监控系统在青岛地铁工程车的应用研究》在深圳地铁全线网内 47 辆车上得到了广泛应用，推广应用效益 1 070 万元，实现了将“机器人 + 机器视觉 + 信息化”手段融入轨道交通列车检修作业中，是国内外首次在城市轨道交通车辆日常检修领域应用人工智能机器人技术的项目，每年可节省人工成本 3 000 万元以上。

在这背后，是尹星多年来扎根一线、大胆实践、心无旁骛致力轨道技术研究的成果。他 19 岁技校毕业后，在工程车检修工作岗位上一干就是 26 年，参与完成的科技创新项目，填补了国内城市轨道交通行业轨道车安全防护设备的空白，他用脚步丈量轨道，用双手为青岛地铁安全运行保驾护航。他力求每一件事情都做到最完美，在每一次检修作业当中，他总是把螺丝拧到最好，不会放过任何一个细节。根据安全运行的要求，工程车每月都进行检修，一台车检修下来，需要三四个人通力合作3天。而每次检修完毕，尹星必须要对整车1 000多个螺丝再检查一遍。对尹星而言，干一行、爱一行、精一行是技术工人的职业准则，他从一名普通检修工成长为地铁技工行业中的佼佼者，他在坚持自己梦想的道路上不断前进。

尹星的付出和努力得到了人们的认可，他先后荣获山东省劳动模范、齐鲁首席技师、山东省创新能手、山东省富民兴鲁劳动奖章、青岛市创新能手、青岛市首席技师、青岛大工匠、青岛地铁集团优秀共产党员等称号。他充分发挥高技能人才引领作用，组织开展各类劳动竞赛和技术比武活动5次，技能培训200余次，3 000多人次受训，授课培训时间达到500多课时。多年来，他带领培养多人成为技师和工程师，其中1人既具有钳工技师职业资格又具有电工技师职业资格，成为“双师人才”，1人荣获青岛市首席技师和青岛市劳动模范等称号，团队成员共获得市级荣誉奖励10余项，为城市轨道交通事业的发展提供了坚实的人才保障，为青岛地铁的“畅达幸福”服务品牌增光添彩。

（一）劳模及劳模精神的概念与内涵

2020年11月24日，习近平总书记在全国劳动模范和先进工作者表彰大会上发表重要讲话，号召工人阶级和广大劳动群众大力弘扬劳模精神、劳动精神、工匠精神，在开启全面建设社会主义现代化国家的新征程上创造新的时代辉煌、铸就新的历史伟业。习近平总书记的重要讲话极大鼓舞了工人阶级和广大劳动群众万众一心、众志成城的信心决心，是对劳动模范的最高褒奖，赋予了劳模精神、劳动精神、工匠精神新的历史使命。

劳模是劳动模范的简称，有广义和狭义之分。广义的劳动模范是指劳动的楷模和榜样，一切用辛勤劳动推动人类社会发展的人们均可称为劳动模范。狭义的劳动模范是指中国共产党在革命、建设和改革的各个历史时期评选出来的在社会主义生产实践中做出巨大贡献并被授予“劳动模范”光荣称号的先进分子。

劳模是我国社会主义建设事业中涌现出来的佼佼者，为经济发展和社会进步做出了巨大贡献，他们的优秀品质和思想行为体现出了“爱岗敬业、争创一流，艰苦奋斗、勇于创新，淡泊名利、甘于奉献”的崇高的劳模精神。劳模精神是劳模世界观、人生观和价值观的精神升华，是党、国家和人民极其宝贵的精神财富，是推动时代前进的强大精神力量。劳模精神的内涵包括以下三个方面：

1. 爱岗敬业、争创一流

爱岗敬业，是指劳动者无论从事什么职业，身处何种岗位，都热爱自己的本职工作，以积极认真的态度对待自己的职业劳动，努力培养工作幸福感和荣誉感。争创一流是对工作精益求精、力求完美的一种追求，简单地讲，就是要做得比别人好，干得比别人强，勇于做别人的榜样，争当行业和岗位的排头兵。爱岗敬业是对劳动者的普遍性要求，争创一流是对劳动者的先进性要求。

爱岗敬业、争创一流是劳模精神的本质特征，也是公民职业道德提升的要求，还是社会主义核心价值观个人层面的重要内容之一。在中国特色社会主义新时代，劳动者对所从事的工作的热爱和敬重，在自己的工作岗位上踏实工作、积极进取，既是社会的需要，也是劳动者不断完善自身的需要。因此，我们要做到干一行、爱一行，专一行、精一行。劳动模范作为劳动群众的优秀代表，他们恪尽职守、踏实肯干、精益求精，用自己的实际行动践行了社会主义核心价值观，为我们正确对待自己的职业树立了榜样。

2. 艰苦奋斗、勇于创新

艰苦奋斗是中华民族的优良传统，也是中国共产党的优良作风，更是劳动模范所具有的优秀品质。从思想层面上来讲，艰苦奋斗的基本含义包括两个方面：一是艰苦，二是奋斗。艰苦是指客观环境和条件，奋斗是主观进取，艰苦奋斗即用主观行动战胜客观环境和条件，艰苦和奋斗紧密相连，重在奋斗。在我国社会主义建设中，广大劳模正是凭借艰苦奋斗的价值追求，攻破了一个又一个阻碍实现中国特色社会主义现代化建设的难题，取得了一个又一个惊叹世界的成就。

“创新是一个民族进步的灵魂，是国家兴旺发达的不竭动力。”我国社会主义发展历程，清楚体现了创新的重要性。载人航天、月球探测、杂交水稻等一系列辉煌成就的取得都离不开创新。广大劳模充分发挥先锋模范作用，不断钻研科学技术，锐意进取、勇于创新，在自主技术研发、提升产品品质、改进管理模式等方面有突出业绩，为中国特色社会主义事业发展做出了贡献。

3. 淡泊名利、甘于奉献

淡泊名利，是指看淡个人名声与利益，不追名逐利。甘于奉献，是对自己的事业全身心地付出并且不计回报。自古至今，世人都有对名利的追求和向往。作为普通大众中的一员，劳模在自己的岗位上努力工作取得了卓越成就，但是他们淡泊名利、甘于奉献，恪守职业道德和法律底线，危害国家和人民利益的事情不为，损公肥私、害人害己的功利不取，沽名钓誉、自私自利的品行不耻。

（二）劳模精神的时代价值

在不同的历史阶段，劳模始终是彰显革命精神、民族精神和时代精神的一面旗帜，始终是推动社会进步的带头羊，始终是催人奋进的时代领跑者，劳模精神具有丰富的时代价值。

1. 国家层面

劳模精神为实现中华民族伟大复兴的中国梦注入强大的精神动力。中国梦是强国之梦，是实现国家富强之梦。推动事业发展、实现美好蓝图，要依靠全体劳动人民的智慧和创造。“空谈误国，实干兴邦”，只有脚踏实地地劳动，真抓实干、埋头苦干才能实现个人发展和社会发展，从而实现国家发展。劳模精神是引领中华民族发展的先进的、科学的、文明的思想道德和价值取向，代表的是优秀的价值观、道德观，展示的是中华民族顽强拼搏、自强不息的崇高品格，体现的是中华民族与时俱进、开拓创新的精神风貌。

2. 社会层面

劳模精神有利于营造崇尚劳动的浓厚氛围和精益求精的敬业风气。榜样蕴藏无穷力量，精神激发奋斗意志。劳模的最大价值在于给广大职工群众精神上的感染和鼓舞，影响和带动周围的人。劳模精神凝结着中华民族的优秀品德，闪烁着时代发展的光芒，为社会发展凝聚积极向上的氛围。大力弘扬劳模精神，有利于进一步激发人们心中蕴藏的道德热情，提升人们的工作积极性；有利于引导人们树立尊重劳动、学习劳模、争当劳模的思想意识；有利于营造社会良好的劳动氛围，促进社会公平正义的发展。劳模精神已经逐渐得到全体劳动人民的认同，各行各业都掀起了学劳模、做劳模的新风尚。

3. 个人层面

劳模精神可以感染并引领广大劳动者勤奋做事、勤勉为人、勤劳致富，培育并践行社会主义核心价值观，有利于培养德智体美劳全面发展的社会主义建设者和接班人。2018 年 9 月 10 日，在全国教育大会上，习近平总书记再次指出：“要在学生中弘扬劳动精神，教育引导学生崇尚劳动、尊重劳动，懂得劳动最光荣、劳动最崇高、劳动最伟大、劳动最美丽的道理，长大后能够辛勤劳动、诚实劳动、创造性劳动。”中国特色社会主义伟大事业需要依靠一代又一代中国人辛勤劳动、接续奋斗来实现。加强劳动教育，培育青少年深厚的劳动情怀，对于实现中华民族伟大复兴的中国梦至关重要。

在革命、建设和改革各个历史时期涌现出来的劳动模范，虽然行业不同、岗位各异，但都有着共同的特质，那就是以高度的主人翁责任感、卓越的劳动创造、忘我的拼搏奉献，始终走在工人阶级和劳动群众的前列，享有崇高声誉，备受人民尊敬。他们身上所体现的爱岗敬业、争创一流，艰苦奋斗、勇于创新，淡泊名利、甘于奉献的劳模精神，是中国工人阶级伟大品格的生动体现，是民族精神和时代精神的重要内容，是极为宝贵的精神财富。

劳动模范和先进人物具有的先进思想和优秀品质，是这个社会和时代的产物。只有大力弘扬劳模精神，引导广大人民牢记工人阶级的历史使命，树立高度的主人翁责任感，以国家和民族的伟大复兴为己任，以极大的热情投入各项建设事业之中。要大力宣传劳模事迹，让劳模精神深入人心；要积极选树先进典型，让劳模精神代代相传。用劳模精神中蕴含的价值理念激发更多人的认同与参与，使之增强信心、振奋精神、凝聚力量，展现新时代风貌，发挥聪明与才智，付出辛勤与努力，书写美好的明天。

思政园地

各级党委和政府要加大制度创新、政策供给、投入力度，弘扬工匠精神，提高技术技能人才社会地位，为全面建设社会主义现代化国家、实现中华民族伟大复兴的中国梦提供有力人才和技能支撑。

——摘自习近平总书记 2021 年对职业教育工作做出的重要指示

活动设计

《匠心》电影观赏与交流

1. 活动目的

组织观看电影，通过观看电影，感悟工匠精神的内涵。

2. 活动方式

观看电影《匠心》，将你对工匠精神的理解和心里的感悟说出来。

电影《匠心》主要讲述了在远离繁华大都市的木雕小镇上，传统的中华工艺依旧在代代传承。青年设计师陆曦和台商方寒冰为了一个建筑修复方案误打误撞回到自己故乡木雕小镇，在这里重拾祖孙情，也找到了当下社会年轻人所缺失的匠心精神。

《匠心》成功使“匠人精神”焕然一新。“匠”字不单意指有手艺的人，是职业，也是态度，更是精神。提到匠心，我们脑海中浮现的都是宏伟的建筑、精美的瓷器、精致的木雕。影片《匠心》虽聚焦在木雕这一行业，但是上映以来，社会各界的观众都在影片中看到了自己的影子，找到了自己的榜样。

3. 活动思考

写观后感，谈谈你心目中的工匠精神是怎样的，并阐述如何培养自身的工匠精神。

第二节 坚守责任 传承使命

一、责任与责任意识

（一）责任

责任是指实践主体应该担当的行为后果。具体来讲，它的含义可以从以下三个方面理解：一是一个人根据不同社会角色的权利和义务，做自己分内应做的事，如岗位责任等；二是特定的人对特定事项的发生、发展、变化及其成果负有积极的助长义务，如担保责任、举证责任；三是由于没能履行角色义务或助长义务，而应当承担的不利后果或强制性义务，如违约责任、侵权责任、赔付责任等。

责任随着人的社会角色不同而不同。从事不同职业的人有着不同的责任，如教师的责任是教书育人，医生的责任是救死扶伤，军人的责任是保家卫国，法官的责任是秉公执法等。只有每个人都认真地承担起自己所应当承担的责任，社会才能和谐运转、持续发展。因此，对每个人来说，责任都应当成为一种与生俱来的使命，并伴随其生命的始终。

（二）责任意识

◢ 案例

小郭是一名在校生。2020 年 1 月 22 日，因学校放寒假，小郭准备从武汉回老家天津。当时，新冠肺炎正在武汉肆虐。小郭虽然没有明显的感染症状，但他仍然本着对周围人负责的态度，在飞机上戴了 3 层口罩和手套。在近两个小时的飞行过程中，全程没有摘下口罩和手套。

回到天津后，小郭先让父亲帮自己和行李进行消毒，到家后，就立刻把自己隔离到卧室。他还主动联系社区，说明了自己从武汉返回的情况。隔离几天后，小郭出现了感染症状。随后，他被医生确诊为新冠肺炎。

经过治疗小郭出院回家。由于担心病情反复，也为了更好地保护周围的人，小郭又把自己隔离到了车库。每天，他的父母都会把做好的饭菜送到车库。为了不感染父母，他每次都是等父母走了才会把饭菜拿进车库吃。同时，为了不引起小区居民的恐慌，当他想透气的时候，只是把车库打开一个小缝。2 月的天津非常冷，车库也没有暖气，小郭只能靠电暖器取暖。但是，他从来没有抱怨过，也没有想过提前结束隔离，而是在这个小小的车库里，一待就是 28 天。

由于小郭一直进行自我隔离，回天津后又最大限度地避免了和他人接触，因此，他的亲人和朋友无一人感染。他尽自己最大的努力，将感染控制在了最小的范围。此外，当得知自己的血浆可以救治新冠肺炎患者时，他毫不犹豫地去医院捐献了血浆，为抗疫做出了自己的贡献。

小郭是一名普普通通的学生，也是一名新冠肺炎的受害者。但是，他在这场疫情面前表现出来的冷静、自信、无畏和负责任的态度，彰显了新时代学生所具备的新作为、新担当，展现了学生的新风采、新风尚。

责任意识是指一个人能认清自身角色所需要承担的责任，并能自觉地履行责任、承担行为后果的意识，是不同社会角色的权利、责任、义务在人脑中的主观映像。其强弱的高低可以体现出一个人在生活或工作中，对待他人、家庭、组织和社会是否负责，以及负责的程度。

责任意识是建立在对责任的认知和了解责任行为后果的基础上的。也就是说，当个人决定去做某件事情时，必须事先对“怎么做？”“是否应该这样做？”“为什么这样做？”“做完之后会怎样？”等问题进行考虑，并做出必要的准备。如果没有责任意识，个人就不会自觉地承担行为后果，从而导致做事没有效率、执行力差、任务无法完成等不良后果。一个人，只有尽到对父母的责任，才是好子女；只有尽到对国家的责任，才是好公民；只有尽到对下属的责任，才是好领导；只有尽到对组织的责任，才是好员工……

二、责任意识的作用

（一）激发个人潜能

每个人都具有巨大的潜能。如果想充分发挥自己的潜能，就必须以最佳的精神状态和负责的态度投入工作中，这就需要个人具备良好的责任意识。一个有强烈责任感的人，对待工作必然尽心尽力、一丝不苟，在遇到困难时也不会轻言放弃，容易激发出巨大的潜能，从而促使个人进步。相反，责任意识淡薄的人，在工作中总是得过且过、拖拖拉拉，其潜能也不可能被激发出来，因而也就无法使自己不断进步，最终只能碌碌无为。

（二）促进个人成功

在职场生活中，个人责任意识的强弱，不仅会影响其工作绩效的高低，而且会影响其职业前途。上海交通大学曾经对用人单位做过的一项调查显示，在用人单位最看重的毕业生的 20 项素质中，排在第一位的就是毕业生是否具有责任意识。在一项对世界 500 强企业的调查中也表明，大多数企业都会把责任意识作为对员工的第一考核标准和价值观要求。因此，那些责任意识强的员工，将会更容易得到组织的认可和升迁的机会。

三、良好责任意识的培养

（一）敢于承担责任

对自己负责，表现为自尊、自爱、自立、自强、自控；对他人负责，表现为尊重、宽容、友善、共处；对家庭负责，表现为孝悌、感恩、回报；对工作负责，表现为尽职、忠诚、热爱；对社会和国家负责，表现为进取、守法、奉献等。一个成熟的人，应该是可以对自己、对他人、对家庭和对国家负责的人；一个不成熟的人则往往逃避责任。下表 3–1 所示为持有不同责任心的人的表现。

图 3-1　持有不同责任心的人的表现

逃避责任——不成熟的表现	勇于担当——成熟的标志
1. 不关我的事。 2. 关我什么事嘛。 3. 我试试看吧！ 4. 我想会有人来处理的。 5. 又没有人问过我。 6. 又没有人告诉我。 7. 为什么要找我？ 8. 反正无所谓。 9. 反正没有人知道。 10. 反正这不太重要。 11. 反正大家都是这么做的。 12. 又不是我一个人，干吗就说我一个人呀？ 13. 没有人叫我起床，所以我迟到了。 14. 迟到几次算什么！ 15. 大家都这样，我何必那么认真呢！	1. 我要负责！ 2. 我能够从小事做起！ 3. 我一定完成任务。 4. 我服从领导安排！ 5. 我会尽职尽责把工作做好！ 6. 对不起，这是我的错，我接受处罚。 7. 我愿意承担责任！ 8. 我将承担一切后果！ 9. 答应别人的事情，我一定要完成！ 10. 请您相信我！

（二）细分责任，悉心培养责任感

◢ 案例

有一次，某学校选派几位同学帮助一家合作企业搞宣传，他们的主要任务是派发宣传单。第一天上班，几位学生就迟到了十分钟，虽然能按基本要求工作，但总体上缺少积极主动性。活动结束以后，企业向学校真诚表达了他们对这些学生的看法，学校也意识到引导得不够。后来学校专门针对此事教育学生：即便是以帮助者的身份出现，也应全力以赴，做到最好，应该积极主动，决不能迟到；外派到企业参加工作，所代表的是学校形象，企业可以通过学生来考察学校的教育成效；更为重要的是，哪怕是短时间的工作，也应立即进入角色，融入企业为其工作，因为派单员在当时所要代表的是企业形象。经过这样的教育，学生们受益匪浅，学校也吸取了教训，加大对学生责任心的教育和引导。

1. 培养角色意识，做好每一件小事

把承担的每件事当成本职工作，尽职尽责去完成。无论是帮助家人拖一次地，还是照顾邻居家的爱犬，以及担任某个班干部职务，都要把它看成是一份“工作”，一旦承诺、接受，就要认认真真去完成。我们一直说，“认真可以把事情做对，用心才能把事情做好。”用心就是自始至终的认真。如果责任感缺失，就会不在乎细节，也看不到细节，更无法做好细节。

古人云“在其位谋其政”。既然承担了某一项任务，就要尽心尽力地把它干好。上海电气液压气动有限公司液压泵工段长——全国十大杰出工人李斌就是这方面的典型。正是靠挤和钻的敬业精神，以及强烈的责任心，他从一名初级技工成长为一位专家型的技术工人，两次荣获全国劳动模范和全国五一劳动奖章，从而成为现代蓝领的楷模。

2. 培养社会责任意识

企业认为责任胜于能力，是敬业精神的表现。良好的责任意识能体现个人对企业的忠诚和对工作的热爱，而这需要个人自觉的习惯、意识去维护。孩子在家中分担家务，学生在学校担任干部，都能为培养责任意识提供平台。职业院校各类社团活动能为培养责任意识创造条件，从家庭劳动到班级值勤，从学习知识到校外活动，都可以以任务形式交由学生完成。

现今，志愿服务和环境保护是学生参与社会实践的大好平台，可以帮助在校学生建立社会责任感、激发学生的助人奉献精神。广州在举办完第16届亚运会后，继续开放志愿者服务站“西关小屋”，并把它们分派到各大高校，指引学生利用课余时间服务社会，造福于民。随着志愿者服务制度的完善，国家对青年一代的社会责任意识培养也落到了实处。作为新一代的学生，应该自觉树立较强的社会责任感，寻找各种机会锻炼自己，促使自己成为一个责任心强的、可以成就事业的人。

3. 勇于承担过失

人们追求正确地做事，做正确的事，但失误在所难免。发生过失时，有责任心的人具有很强的承担意识，敢于直接面对问题，并想办法尽快解决问题。

承担意识包括个人导致的问题全部承担，并迅速补救，以最大程度挽回损失；还包括与集体一起分摊责任，尽己之力参与补救。西点将军布莱德雷有一句名言说道：如果你存心拖延、逃避，你自己就会找出成千上万个理由来辩解为什么不能够把事情完成。承担过错，意味着拒绝借口。

4. 培养控制意识

包括控制自己的欲望、时间、目标、承诺、情绪等。责任意识强的人，要求清楚地知道自己能做什么、不能做什么、要做到什么、在什么时间完成和对谁负责。一个负责任的教师，不会把突遭的不幸带上讲台；一个有责任的医生，不会把昨日的忧伤带到手术台；一个负责的司机，不会把没有评到优秀的失落带进驾驶室……

5. 培养追求完美的意识

在这个世界上，许多人对自己的工作并不满意，但他们却不努力去改变自己的现状，年复一年、日复一日地默默忍受着工作为他们带来的苦恼。一些人认为，老板给我多少钱，我就给他做多少事，八点钟打卡，绝不七点半到，做一天和尚就撞一天钟。殊不知，机遇总是垂青那些有准备的人，只有在工作中使出十二分甚至更多力气的人，才会得到先机。追求完美，不全在结果，更在于过程的美好。人在追求完美的过程中，自己才是最大的赢家。

活动设计

责任心训练

1. 活动名称

责任心训练。

2. 训练目标

提高学生责任心。

3. 活动内容

本游戏通过让学生一起参加活动的形式，让学生理解每个人勇于承担责任的重要性。

4. 活动步骤

（1）学生们相隔一臂站成一排，每排6人。

（2）喊一时，向右转；喊二时，向左转；喊三时，向后转；喊四时，向前跨一步；喊五时，不动。当有人做错时，做错的人要走出队列，站到同学们面前先鞠一躬，举起右手高声说：“对不起，我错了！”

（3）做几个回合后，让学生们就此各抒己见，讲讲自己的感想。

5. 活动讨论

（1）这个游戏说明了什么问题？

____

（2）从这个游戏中，同学们得到了什么启发？

____

（3）同学们对“责任心”有什么新认识？

____

6. 教师总结评价

这是一个训练责任心的游戏。游戏告诉我们，只有每个同学都履行了对自己、对同学、对集体的责任，才能使游戏顺利进行，使责任心的主题融入每个人的体验中，进而把履行好自己的责任当作义务，责任意识才能加强。

教师引导学生了解责任意识后，可以鼓励学生们多想一些激发责任心的方法。以帮助学生将这种理念带回到学习和工作中去。

第三节　规范意识　管理时间

一、规范意识

（一）认知规矩

1. 规矩的内涵

规矩一词出自《孟子·离娄上》："离娄之明，公输子之巧，不以规矩，不能成方圆。"不用规和矩，就画不好圆形和方形。比喻只有人人都遵守规则，才能有良好的秩序。

（1）规和矩分别是校正圆形和方形的两种工具。

（2）礼法、法度。《史记·礼书》："人道经纬万端，规矩无所不贯，诱进以仁义，束缚以刑罚。"三国魏阮籍《大人先生传》："动静有节，趋步商羽，进退周旋，咸有规矩。"宋代罗大经《鹤林玉露》："强父为相清正，谨守规矩，自奉如寒士，书卷不释手。"

（3）一定的标准、成规。《韩非子·解老》："万物莫不有规矩。"唐玄奘《大唐西域记·迦毕试国》："货用金钱、银钱及小铜钱，规矩模样异于诸国。"

（4）老老实实，恪守本分。苏轼《谢王内翰启》："欲求倜傥超拔之才，则惧其放荡，而或至于无度；欲求规矩尺寸之士，则病其龌龊，而不能有所为。"老舍《老字号》："钱掌柜，那样正直，那样规矩，把买卖做赔了。"

2. 规矩的作用

（1）约束作用；

（2）规范作用；

（3）指引作用；

（4）评价作用。

规矩的内涵

思政园地

心中有规矩，行为定方圆。牢固树立纪律和规矩意识，是我们党一贯的优良传统。今天，让"按规矩办"成为党内政治生活的常态，既要让广大党员干部认识到这是刚性的约束、"硬杠杠"，又要让大家懂得这是干事创业的"安全阀"。

俗话讲，"家不以规矩则败，国不以规矩则衰"，惨痛教训史不绝书、比比皆是。可现实中仍有人信奉"章子不如条子、条子不如面子"，遇到事习惯找人托关系、走捷径。还有的人在实际工作中热衷"与政策赛跑、同法规较劲"，乃至违规用权、擅自越权。

究其思想根源，嫌麻烦、觉得“按规矩办”费心费力，无法达到个人的目的，是重要原因。殊不知，不守规矩者或许侥幸一时、得利一阵，表面上尝到甜头、办成了事，但从长远来看，早晚会跌大跟头、付出沉重的代价。

习近平总书记强调，“定了规矩就要照着办”。时时、处处、事事讲规矩，以“规”格物，以“矩”修身，心有所畏、言有所戒、行有所止，貌似无情，实则最有情、最负责任，最能把合规律性与合目的性有机统一起来，调动好各方面积极性为伟大事业共同奋斗。

——摘自《人民日报》评论

（二）认知规范

1. 规范的含义

规范是指明文规定或约定俗成的标准，具有明晰性和合理性。

（1）典范；

（2）规模、规格；

（3）合乎模式；

（4）约定俗成或明文规定的标准。

2. 行为规范的含义

行为规范是用以调节人际交往，实现社会控制，维持社会秩序的工具，它来自主体和客体相互作用的交往经验，是人们说话、做事所依据的标准，即社会成员都应遵守的行为。

行为规范是社会群体或个人在参与社会活动中所遵循的规则、准则的总称，是社会认可和人们普遍接受的具有一般约束力的行为标准，包括行为规则、道德规范、行政规章、法律规定、团体章程等。1988 年，世界各国诺贝尔奖得主在巴黎聚会。有人问其中一位诺贝尔物理学奖得主：“您在哪所大学、哪个实验室学到了您认为是最主要的东西呢？”这位白发苍苍的老学者回答道：“是幼儿园。”“在幼儿园能学到什么东西呢？”“把自己的东西分一半给小伙伴们，不是自己的东西不要，东西放整齐，吃饭前要洗手，做错事要表示歉意，午饭后安安静静地休息，要观察周围的大自然……”可见，养成良好的行为规范对一个人的成功影响是多么巨大！

（三）培养学生规则意识

对于一个职场人士来说，行为素质是最需要关注的。因此，要扎实有效严格地加强学生的行为规范意识，使每个学生具有“服从集体，服从命令”的思想，具有自我约束力，形成习惯。只有这样才能在职场中走得更稳、更远。那么如何培养学生的规则意识呢？

1. 总结培养学生遵守规则习惯的方法

根据习惯养成的规律和学生的认知特点，总结培养学生遵守规则习惯的方法。

（1）重习惯，明是非。

泰戈尔说：“只有经历过地狱的磨炼，才有创造天堂的力量；只有流过血的手指，才能弹出世间的绝唱。”困难是懦弱者的拦路虎，是刚强者的垫脚石。无臂钢琴师刘伟脚下功夫神奇，风景无限，是因为他夜以继日练琴不止，脚趾被磨出多个水泡而从未放弃。磨难会助人成长，其中的痛苦日后定会回报之以幸福。

（2）立规范，严要求。

《论语》说，“不学礼，无以立”。没有规矩不成方圆，家规、班规、校规就是礼，就是规矩。学生的行为准则，行动指南，都是养成习惯的依据。但是制定规范要注意全体性原则，不要搞一言堂，搞强迫，那样效果不好。应该发动大家，一起讨论制定，让学生、老师、家长都参与。使学生从被动的“要我做”，转化为主动的“我要做”。老师要注意及时评估学生的行为，做得好的、有进步的就要予以表扬，做得不好的就要批评引导，甚至要有一定的惩罚。

（3）勤训练，不间断。

培养良好习惯一定要有持久性的针对性训练。一个好习惯的养成需要连续坚持21天。古希腊大哲学家苏格拉底曾经要求他的弟子，把胳膊尽量往前甩然后尽量向后甩，每天做三百下。结果一个月后有九成的学生坚持了下来，两个月后有八成的学生坚持在做，一年后只剩下一个，他就是希腊的另一个哲学家柏拉图。柏拉图告诉我们说：“成功的唯一秘诀就是要坚持到最后一分钟。”由此可见，三天打鱼两天晒网，是培养不了好习惯的。培养好的习惯需要说了算，定了干，言必行，行必果，需要一以贯之、持之以恒、绳锯木断、水滴石穿的精神。

2. 在规则的遵守中让学生拥有一定的自由

稍具常识的人都会知道，越是现代化，越需要严格的规范和纪律。积极的自由观说明，只有当一个人能够有效控制自己的生活，积极主动地塑造自己的生活时，他才是自由的。学生需要在未来的社会中实现自身价值，还必须经历关注自我到关注社会的转变，进而把自我价值的实现融入社会前进的潮流。教育促使学生不断社会化，规则教育则是不可或缺的组成部分。在引导学生主体参与的过程中，教师必须注重规则意识的渗透。

3. 培养遵守规则的习惯须从小事做起

培养学生良好的遵守规则的习惯必须从小事做起，如不随意在教室的地面乱扔纸屑杂物，人离关灯，清洁后摆放好洁具等。对于一个学校而言，没有规矩不成方圆。学校所制定的各项纪律及相关规定，都是在规范学生行为，提升学生的行为素质。

二、管理时间

（一）时间管理的概念

1. 时间的含义

世界几乎全面地在进步，但我们一天还是只有24个小时。成功和失败的人一样，一天都只有24个小时，但区别就在于他们每天如何利用自己所拥有的24个小时。那么时间究竟是什么呢？有的哲学家这样说：“时间是物质运动的顺序性和持续性，其特点是一维性，是一种特殊的资源。”要想真正地了解时间并且管理时间，就一定要了解时间的四个独特性：

（1）无法弹性供给。时间的供给量是固定不变的，在任何情况下不会增加，也不会减少，每天都是24个小时，所以无法开源。

（2）无法蓄积。时间不像人力、财力、物力和技术那样可以被积蓄储藏。不论愿不愿意，我们都必须消费时间，所以无法节流。

（3）无法取代。任何一项活动都有赖于时间的堆砌。这就是说，时间是任何活动所不可缺少的基本资源。因此，时间是无法取代的。

（4）无法失而复得。时间无法像失物一样失而复得。它一旦失去，则会永远失去。花费了金钱，尚可赚回，但倘若挥霍了时间，任何人都无力挽回。

2. 时间管理的含义

时间管理就是指用最短的时间或在预定的时间内，把事情做好。由于时间具备四个独特性，所以时间管理的对象不是“时间”，而是指针对时间进行的“管理者的自我管理”，即管理者必须抛弃陋习，引进新的工作方式和生活习惯，包括要订立目标、妥善计划、分配时间、权衡轻重和权力下放，加上自我约束、持之以恒才可提高效率，事半功倍。因此，时间管理也可以说是时间方面的自我管理。

如果银行每天早晨向你的账号拨款8.64万元，你在这一天可以随心所欲，想用多少就用多少，用途也没有任何的规定，条件只有一个：用剩的钱不能留到第二天再用，也不能结余归自己。前一天的钱你用光也罢，分文不花也罢，第二天你又有8.64万元。请问：你如何用这笔钱？

天下真有这样的好事吗？是的，你真的有这样一个户头，那就是“时间”。每天每一个人都会有新的8.64万秒进账。

那么面对这样一笔财富，你打算怎样利用它们呢？选择一：自己没有时间规划，总是让别人牵着鼻子走。选择二：自己试图掌握时间，却不能持之以恒。选择三：自己的时间管理状况良好。选择四：自己是值得学习的时间管理典范。学生应该尽量学会管理时间，通过日积月累尽早成为时间管理的典范。

（二）时间管理的原则

1．明确目标

案例

约翰随父母迁到亚特兰大市时，年仅四岁。他的父母只有高中学历，因此，当约翰表示要上大学时，他的亲友大多不表示支持。但约翰心意已决，最后果真成为家中唯一考进大学的人。但是一年之后，他却因为贪玩导致功课不及格而被迫退学。在接下来的六年，他过着得过且过的生活，毫无人生目标。他大半的时间都在一家低功率的电台担任导播，有时也替卡车卸货。

有一天，他拿起柯维的第一本著作《相会在巅峰》，从那时起，他对自己的看法完全改变，发现自己有不平凡的能力。重获新生的约翰，终于了解到目标的重要性。

至此，约翰一改过去的散漫态度，以信心坚定、目标明确、内心无畏的姿态，重新踏入校门。经过两年零三个月，最终他以优异的成绩取得了学位，紧接着再迈向更高的目标。如今，这个伐木工人的儿子已成为约翰博士，他还在全美发展最迅速的教会担任牧师。

在人生的旅途中，没有目标就好像走在黑漆漆的路上，不知往何处去。有目标才有结果，目标能够激发我们的潜能。美国的一份统计结果显示：一个人退休后，特别是那些独居老人，假若生活没有任何目标，每天只是刻板地吃饭和睡觉，虽然生活无忧，但他们后来的寿命一般不会超过七年。但是，对许多人来说，拟定目标实在不是一件容易的事，他们每天都忙碌着工作，根本没有时间好好想自己的将来。但这正是问题的症结所在，就是因为没有目标，每天才弄得自己没头没脑、蓬头垢面，使自己陷入一个恶性循环。另外有些人没有目标，则是因为他们不敢接受改变，与其说安于现状，不如坦白一点，那便是没有勇气面对新环境可能带来的挫折与挑战，这些人最终只会是一事无成。而且不幸的是，多数人对自己的目标，仅有一点模糊的概念，而只有少数人会贯彻这模糊的概念。

我们究竟该如何选择或是制定正确的目标呢？在选择或制定目标时应考虑两个方面：一是目标要符合自己的价值观，二是要了解自己目前的状况。从严格意义上说，一个目标应该具备以下五个特征才可以说是完整的。

（1）目标具有具体可操作性。

有人说：“我将来要做一个伟大的人。”如果把这个目标当作一个长远目标的话，一定要将其具体化，否则就是一个不具体的目标。目标一定要是具体的，例如，自己想把英文学好，那么就订一个具体的日标：每天一定要背|个单词、一篇文章。

有人曾经做过一个实验，他把参与实验的人分成两组，让他们去跳高。两组人的个子差不多，先是一起跳过了 1 米。然后，他对第一组说："你们能够跳过 1.2 米。"他对第二组说："你们能够跳得更高。"经过练习后，让他们分别去跳，由于第一组有具体的目标，结果第一组每个人都跳过 1.2 米，而第二组的人因为没有具体目标，所以他们中大多数人只跳过了 1 米，少数人跳过了 1.2 米。这就是有和没有具体目标的差别所在。

（2）目标具有可衡量的标准。

任何一个目标都应有可以用来衡量目标完成情况的标准，目标愈明确，就能提供给自己愈多的指引。例如，自己要盖一栋房子，先要在心里有个标准。房子要多大，要多少平方？是几层楼？需要多少卧室？要木头的还是钢筋混凝土的？地点在哪儿？预算是多少呢？有了这些明确的标准，才有可能顺利地盖好自己的房子。

（3）目标具有达到的可能性。

不能达到的目标只能说是幻想、白日梦，太轻易达到的目标又没有挑战性。多年前在美国进行了一项成就动机的实验。15 个人被邀请参加一项套圈的游戏。在房间的一边钉上一根木棒，给每个人几个绳圈，游戏参与者要将绳圈套到木棒上，离木棒的距离可以自己选择。

站得太近的人很容易就把绳圈套在木棒上，而且很快也泄气了；有的人站得太远，老是套不进去，于是很快也泄气了；但有少数人站的距离恰到好处，不但使游戏具有挑战性，而且他们也能获得成就感。实验设计者解释这些人有高度的成就动机，他们通常不断地设定具有挑战性但做得到的目标。

（4）目标具有相关性。

制定的目标应和自己的生活、工作有一定的相关性，例如一个公司的职员，整天考虑的不是怎样才能做好工作，却一心做着明星梦，又不肯努力奋斗，在一天一天消耗中丧失学习、工作的能力。不思进取、不努力提高工作业务能力的人，最终会被公司抛弃，会被社会遗弃。

（5）目标具有时间限定。

任何一个目标都应该考虑时间的限定，例如，自己的目标是拿到律师证书。目标是很明确了，只是不知目标是在一年内完成，还是十年后才完成。完成目标的期限不同对自己发展的快慢影响很大。

2. 分清工作的轻重缓急

根据下面的行事次序，思考自己平时喜好用哪种方式。

（1）先做喜欢做的事，然后再做不喜欢做的事。

（2）先做熟悉的事，然后再做不熟悉的事。

（3）先做容易做的事，然后再做难做的事。

（4）先做只需花费少量时间即可做好的事，然后再做需要花费大量时间才能做好的事。

（5）先处理资料齐全的事，然后再处理资料不齐全的事。

（6）先做已排定时间的事，然后再做未排定时间的事。

（7）先做经过筹划的事，然后再做未经筹划的事。

（8）先做别人的事，然后再做自己的事。

（9）先做紧迫的事，然后再做不紧迫的事。

（10）先做有趣的事，然后再做枯燥的事。

（11）先做易于完成的整件事或易于告一段落的事，然后再做难以完成的整件事或难以告一段落的事。

（12）先做自己所尊敬的人或与自己关系密切的人所拜托的事，然后再做其他人所拜托的事。

（13）先做已发生的事，后做未发生的事。

以上的各种行事次序，从一定程度上说大致都不符合有效的时间管理的要求。我们既然是以目标的实现为导向，那么在一系列以实现目标为依据的待办事项中，到底哪些应该先着手处理，哪些可以拖后处理，哪些甚至不予处理？一般认为是按照事情的紧急程度和重要程度来判断。

运用帕累托原则，学生可以按照事情的紧急程度和重要程度来管理自己的时间。帕累托原则是由 19 世纪意大利经济学家帕累托提出的，其核心内容是生活中 80% 的结果几乎源于 20% 的活动。例如，20% 的客户带来了 80% 的业绩，可能创造了 80% 的利润；世界上 80% 的财富是被 20% 的人掌握着，世界上 80% 的人只分享了 20% 的财富。因此，要把注意力放在 20% 的关键事情上。

对图 3-2 进行解析可知：

第一象限是重要又紧急的事。诸如应付难缠的客户、准时完成工作等。这是考验我们的经验、判断力的时刻，也是需要我们用心耕耘的园区。如果荒废了，我们很可能会失去方向。但我们也不能忘记，很多重要的事都是因为一拖再拖或事前准备不足，而变得迫在眉睫。

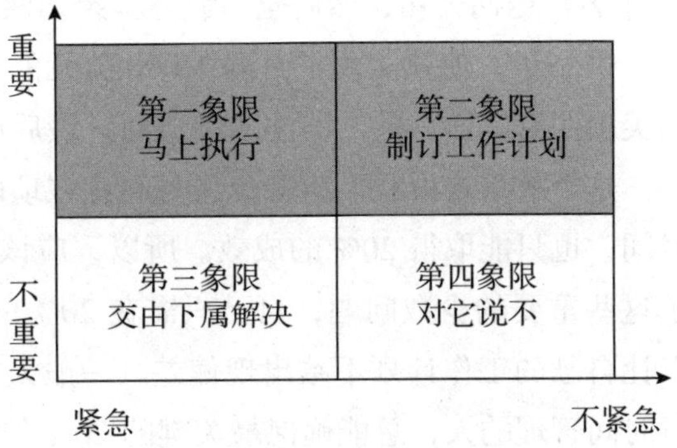

图 3-2　事情的类型及处理方式

第二象限是重要但不紧急的事。主要包括长期的规划、问题的发掘与预防、参加培训、向上级提出问题处理的建议等。如果荒废了这个领域，将使第一象限日益扩大，使自己陷入更大的压力，在危机中疲于应付。反之，多投入一些时间在这个领域有利于提高实践能力，缩小第一象限的范围。做好事先的规划、准备与预防措施，很多急事将无从产生。虽然这个领域的事情不会对自己造成催促力量，但是必须主动去做，这是发挥个人领导力的领域。

第三象限是紧急但不重要的事。表面看与第一象限类似，因为迫切的呼声会让自己产生“这件事很重要”的错觉——实际上就算重要也是对别人而言。电话、会议、突来访客都属于这一类。如果花很多时间在这个象限里面打转，会误以为自己是在第一象限，其实不过是在满足别人的期望与标准。

第四象限是不紧急也不重要的事。简而言之就是浪费生命，所以根本不值得花半点时间在这个象限。但我们往往在一、三象限来回奔走，忙得焦头烂额，不得不到第四象限去疗养一番再出发。这部分范围倒不见得都是休闲活动，因为真正有创造意义的休闲活动是很有价值的。然而像阅读令人上瘾的无聊小说、观看毫无内容的电视节目、办公室聊天等，这样的休闲活动不但不是为了走更长的路，反而是对身心的毁损，刚开始时也许感觉有滋有味，到后来自己就会发现其实是很无聊的。

现在不妨回顾一下上周的生活与工作，自己在哪个象限花的时间最多？请注意，在划分第一和第三象限时要特别小心，急迫的事很容易被误认为重要的事。其实二者的区别就在于这件事是否有助于完成某个重要的目标，如果答案是否定的，便应归入第三象限。

3. 合理地分配时间

穆尔于 1939 年大学毕业后，在哥利登油漆公司找到一份业务员的工作。当时的月薪是 160 美元，但满怀雄心壮志的他仍拟定了一个月薪 1 000 美元的目标。当穆尔逐渐对工作感到得心应手后，他立即拿出客户资料以及销售图表，以确认大部分的业绩来自哪些客户。他发现，80% 的业绩都来自 20% 的客户，同时，不管客户的购买量大小，他花在每个客户身上的时间都是一样的。于是，穆尔的下一步就是将其中购买量最小的 36 个客户退回公司，然后全力服务其余 20% 的客户。结果如何？

第一年，他就实现了月薪 1 000 美元的目标，第二年便轻易地超越了这个目标，成为美国西海岸数一数二的油漆制造商，最后还当了凯利穆尔油漆公司的董事长。

这个故事告诉我们应避免将时间花在琐碎的多数问题上，因为即使自己花了 80% 的时间，也只能取得 20% 的成效。所以，应该将时间投入到重要的少数问题上，因为掌握了这些重要的少数问题，自己只需花 20% 的时间，即可取得 80% 的成效。掌握重点可以让自己的工作计划不致出现偏差。一般人很容易陷在日常琐碎的事情中；但是有效进行时间管理的人，总能确保最关键的 20% 的活动具有最高的优先级。

第四节　注重规范　确保质量

一、培养工作规范意识

（一）工作规范概述

工作规范又称岗位规范，是指从业者要有胜任某项工作所必备的资格与条件，以及完成某项工作所需遵循的规定或操作的程序。工作规范能全面反映企业对从业人员的品质、特点、技能以及工作经历等方面的要求。主要包含的内容有：一是岗位对员工的专业素养要求。每个岗位都有特定的职责，要求员工熟练掌握业务知识及技能，能完全胜任工作。二是岗位对员工提出的行为规范，包括日常礼仪与交际、工作程序与操作规范等内容。前者提出的是综合素质要求，后者涉及服饰、举止和言谈等礼仪规范。一些公司因业务需求对握手、见面、电话、拜访和接待等规范提出了明细的要求。

例如，海尔集团规定了售后服务的 12345 服务规范及模式：

一证件：

上门服务时出示“星级服务资格证”。

二公开：

公开出示海尔“统一收费标准”；

公开一票到底的服务记录单，服务完毕后请用户签署意见。

三到位：

服务前“安全测电到位”；

服务后清理现场到位；

服务后向用户讲解使用知识到位。

四不准：

不喝用户的水；

不抽用户的烟；

不吃用户的饭；

不要用户的礼品。

五个一：

送上一张名片；

穿上一副鞋套；

配上一块垫布；

自带一块抹布；

提供一站式产品通检服务。

（二）工作规范意识的重要性

有一本书叫《第一次把事情做对》，其中谈到的观点及罗列的事例、数据令人深省。该书作者认为，在21世纪，竞争是唯一的生存手段，即使是做到了“第一次就把事情做对”，这个组织都不一定能100%地保证生存下来或者长久保持领先地位。所以，每个人、每个组织如果要获得长久的发展，必须时刻保证自己“做对事情”。

企业员工的职业素质和职业行为规范的程度，左右着企业的管理成本，直接影响企业运转的效率，甚至决定着企业的存亡。西方企业经过100多年的竞争、发展，已形成了一整套成熟的经验。关于员工职业素养的训练和职场工作的规范，不仅涉及敬业、主动、富有责任感等抽象的概念，而且更广泛、更深入地涉及如何在实际工作的每一个环节去训练工作规范，包括如何请假，如何开会，如何写书面报告，甚至怎样发脾气等内容。一旦建立这些规范，就必须具有标准性、普遍适用性、行为导向性、强制性和权变性。要把工作做好，就必须按照规范的操作。因此，无论是谁，进入职场后，首先要做的事情就是学习并自觉地遵守相关的规章制度和工作规范。

（三）工作规范意识的培养

1. 树立通用的规范意识

通用的工作规范意识，主要包含有：礼仪规范意识、工作流程意识和做事规则意识等。作为学生，我们必须树立规范意识，学会按规范做好工作，按规则办好事情。大到遵守公民道德公约、交通法规、学生守则和校规；小到遵守班规以及几个朋友之间定下的规则。这样融入社会以后，才会不影响他人，不影响社会，同时给自己发展带来方便。遵守规则不妨从小事做起。比如，每次过马路都要等绿灯亮了再从人行横道上通过，就算是一辆车也没有，也提醒自己要守规则，就是别人全都匆匆过去了，也要提醒自己要做守规矩的人。久而久之，就会形成较强的规范意识和良好行为习惯。

另外，同学们还可以把学校里的新生接待、晚会策划、专业竞赛、毕业设计和专业资格考核等作为实践的内容，积极参与，认真操作，逐步树立规范意识，提升个人做事的能力。

2. 掌握专业要求的规范

工作规范所体现的核心价值观是以正确的方式服务于企业、他人和社会，分解到个体，要求次次正确地做事，不给失误找借口。例如，如何组织一次会议，其规范要求如下：

（1）考虑清楚是否一定要开这个会，不开会有没有其他办法解决问题。

（2）如果一定要开会才能解决问题，请思考会议的议题是什么。

（3）考虑是否已针对议题拟好了初稿，并在会议前已给相关人士传阅，且提出意见。

（4）考虑会议要请哪些人出席，思考在什么时间大家能同时参与，用多长时间能达成一致，在什么地点合适。

（5）会议所需的文稿和设备是否都准备妥当。

（6）想一想会议的通知是不是传达到了每一个与会者。

（7）是否对会场进行了检查和布置。

（8）是否选好了主持人，并对他提出要求，考虑他是否能控制时间、节奏、气氛和效果。

（9）对会议中可能产生的意外是否有预计及干预方案，比如重要人物缺席或意见分歧较大等。

（10）会议按计划进行，会中是否有安排人员记录、协助会场。

（11）会后，是否及时整理了会议记录及会议纪要，是否发到了应该知晓会议内容的每个人手中或邮箱里。

（12）有没有安排人员检查会议形成的决定是否在要求的时间里得到落实。

以上这些要求应该在学习专业技能时就自觉遵守、认真履行。否则，很难取得长足的进步。

二、培养质量意识

（一）质量意识概述

◢ 案例

有个老木匠准备退休，他告诉老板，说要回家与妻子儿女享受天伦之乐。老板舍不得他的好工人走，问他是否能帮忙再建一座房子，老木匠说可以。但大家后来都看得出来，他的心已不在工作上，他用的是软料，出的是粗活。房子建好的时候，老板把大门的钥匙递给他。“这是你的房子，”老板说，“我送给你的礼物。”他震惊得目瞪口呆，羞愧得无地自容。如果早知道是在给自己建房子，他怎么会这样呢？以后他得住在这样一幢粗制滥造的房子里！

还有一个关于降落伞的案例，故事发生在第二次世界大战中期，是美国空军和降落伞制造商之间的真实故事。当时，降落伞的安全度不够完美，经过厂商努力地改善，使得降落伞良品率达到了99.9%，应该说这个良品率即使现在许多企业也很难达到。但是美国空军却对此公司说不，他们要求良品率必须达到100%。于是降落伞制造商的总经理便专程去飞行大队商讨此事，看是否能够降低水准？因为厂商认为，能够达到99.9%已接近完美了，没什么必要再改。美国空军一口回绝，因为品质没有折扣。后来，军方要求改变检查品质的方法——那就是从厂商前一周交货的降落伞中，随机挑出一个，让厂商负责人，亲自使用降落伞从飞机上跳下。这个方法实施后，不良率立刻变成了零。

老木匠的故事告诉人们质量意识就是要把产品当作为自己生产的，降落伞的故事则旨在说明质量标准要按客户的要求执行。质量意识，是把“顾客第一”作为信条，从而对待产品质量精益求精，追求100%的客户满意度。

质量是企业的生命线，狭义的质量是指产品的质量、服务的质量。

质量意识是人们对质量的认识、态度和行为，对企业来说，质量意识是其生存和发展的思想基础。试想，菜农不吃自卖的菜，裁缝不穿自制的衣，牛奶加工商不喝自产的奶，化妆品公司不用自己的产品，这些个人或企业持有什么样的质量意识，能在市场上生存多久？由于奶粉质量问题，国人对国产奶粉的信任降至低谷。没有质量意识的国家欠缺安全感，没有质量意识的商家是极其可憎的，没有质量意识的人不可能感受真正的幸福。

（二）质量意识的培养

当今社会流行两大质量管理模式：一是美国式质量管理模式，二是日本式质量管理模式，二者都值得我们学习。

美国式质量管理模式经历三个阶段：

（1）依靠操作者的技术确保品质；

（2）依靠事后检验来确保品质；

（3）以预防为主来确保品质。

日本式质量管理模式的观念：

（1）无“次品”的质量管理观念，追求零缺点；

（2）面向消费者；

（3）“百分之一”的次品对顾客来说就是“百分之百”的次品；

（4）强调、重视全员参与质量管理。

美国式质量管理的思维模式发生改变的地方是不良产品的干预时间，日本式质量管理的思维模式在于零缺陷原则，他们共同的追求都是杜绝生产出不良的产品。质量与规范关系紧密，互为因果，要求人们第一次就把事情做好、做对。对求职者而言，拥有责任意识，是明确“我应该做什么”，拥有规范意识，是知道“我应该怎么做”，而拥有质量意识，是懂得“我要做到什么”，三者之间是从内容到行动到结果的过程，缺少哪一样都是不完整的。因此，培养质量意识应从以下两点着手：

1. 做人做事追求零缺陷

对个人而言，质量就是一个人的素养，包括生活习惯、行为态度和工作能力等。个人的生活质量与企业的生产质量有着相似共通之处：追求以最快的速度实现高品质生活（生产）。在校学习期间，就应该自觉树立质量意识，坚决摒弃“60分万岁”的思想，重视学业质量，扎扎实实学本领，认认真真学做人，不能随便应付学习，更不能敷衍自己的工作。

2. 高标准要求自己

现代企业已经能真正意识到“产品质量就是企业的生命”，“员工的质量意识是企业的灵魂”。企业家得出这样的结论：如果想在市场占有一席之地，就要靠员工将高科技转化成优质产品，员工的质量意识对于企业的重要性不言而喻，否则再多的管理人才和高新技术都是空中楼阁。

作为学生，应该了解社会需求，了解企业何等重视质量管理，并且进行换位思考，站在企业的角度思考问题，意识到产品（服务）质量关系企业存亡。自觉地把这种质量意识贯穿到自己的日常生活和学习中。经常检查一下自己：是否抱着无所谓的态度对待工作和学习？是否认真完成自己的事情？专业技术操作的动作是否规范？结果是否符合质量标准的要求？总之，我们需要把质量意识作为个人的追求，在生活习惯、工作态度、知识水平和技能水准等方面全面渗透，从最小的具体行动开始实施，立志把每件事做对、做好、做成，追求工作的标准和完美。

活动设计

7S 管理实施量化评分测试

1. 活动设计

7S 管理包括整理（Seiri/Organization）、整顿（Seiton/Neatness）、清扫（Seiso/Cleaning）、清洁（Seiketsu/Standardization）、素养（Shitsuke/Disciplineand Training）、安全（Safety）、节约（Saving）七个方面。7S 管理可广泛应用于企业生产与学校实训教学中，对实践具有指导作用，并能保证生产与教学的顺利实施。

7S 管理实施量化评分表

仔细阅读表 3-2，分组模拟生产现场或就当前实训情况进行评估。根据评分汇总，考虑你所在的小组或实训现场在管理中是否存在问题?

表 3-2 7S 管理实施量化评分表

项次	检查项目	分数	检查状况	得分	备注
1	通道状况	0 分	有很多东西胡乱堆放，或脏乱不堪		
		1 分	虽能通行，但要避开，台车不能通行		
		2 分	摆放的物品超出通道		
		3 分	虽然超出通道，但有警示牌		
		4 分	很通畅，又整洁		
2	工作场所的设备、材料	0 分	一个月以上未用的物品杂乱堆放着		
		1 分	角落、窗台等地放置不必要的东西		
		2 分	摆放半个月后才会用到的东西，而且杂乱无序		
		3 分	摆放一周内要用的物品且整理较好		
		4 分	摆放 3 日内使用的物品且整理很好		
3	办公桌（作业台）上、下及抽屉	0 分	不使用的物品杂乱		
		1 分	摆放了半个月才用一次的物品		
		2 分	摆放了一周内要用的物品，但过多过杂		
		3 分	摆放了当日使用的物品，但较杂乱		
		4 分	物品适量且整齐		
4	料架状况	0 分	杂乱、存放不使用的物品		
		1 分	料架破旧，缺乏整理		
		2 分	摆放了不使用的物品，但整齐		
		3 分	料架的物品整齐摆放		
		4 分	摆放了当日使用的物品，很整齐		
5	仓库	0 分	杂乱，塞满东西，人不易行走		
		1 分	东西杂乱		
		2 分	有定位规定，但未严格遵守		
		3 分	有定位规定，但进出不方便		
		4 分	规定标识清楚，物品摆放整齐		
小计					

2. 活动思考

如果要避免问题，应该采取哪些方法?

第五节　积极主动　创造人生

一、职业心态的内涵

职业心态是指职业人根据职业的需求，在职业活动中所表现出来的心理素质。它是职业素质的重要体现，对个体的职业化程度，如职业技能、职业道德、职业形象等有着极其重要的影响。在工作中，如何正确对待上级、同事、下属、客户、合作伙伴，如何对待工作安排或调整，如何对待批评和荣誉等都是职业心态成熟与否的表现。

在职业生活中，职业人具有什么样的职业心态，就会有什么样的工作态度，同时也就决定了工作所能带给职业人什么样的回报。一般说来，正面的、积极的职业心态可以帮助职业人用积极、正面的思维方式主导自己的职业活动，并做出有利于职业成功的职业行为；而负面的、消极的职业心态则容易使职业人在遇到困难和挫折时自暴自弃、萎靡不振，从而在组织中不断地被边缘化或“怀才不遇”，最终导致其被淘汰。

二、积极主动的心态

积极主动的心态会帮助我们实现职业梦想，会帮助我们克服很多困难，它对我们的事业乃至生活的方方面面都起着至关重要的作用。积极主动的人会发现更多的机遇，得到更多的认可。以一颗积极主动的心投入工作当中，工作效果就会事半功倍。对于一名员工，需要具备以下积极心态：

（一）主动负责

工作不是被动应付，而应主动负责，把公司的事当成自己的事。同时，工作的时候不要被推着走，而是要提前一步走。工作中，要得到老板格外的重视，你就要超出老板的期望。凡事多想多思考，勇于承担责任。

（二）用心去做

消极的人用手做，处处敷衍了事、马马虎虎，拆东墙补西墙；而积极主动的人则是用心做，在工作中热心、负责，比别人更细心、更认真。上级布置的任务，他们不会找任何借口不做，也不会抱怨他人，而是将压力变成自己的动力，主动想尽一切办法去完成任务。

（三）积极沟通，融入团队

在工作中要积极主动处理好人际关系，善于与人交流。主动同上级进行沟通，领会上级的指示精神，主动汇报工作，及时获得反馈；处处以高标准要求自己，尽量把事情做到完美；主动融入团队，创造友好合作的氛围，加强部门间的合作，乐于和同事相互协作，争取事半功倍，加快工作进程（图 3–3）。

图 3–3 和谐的人际关系

（四）不畏艰难

积极主动的人面对困难不是放弃，而是能主动寻求解决的办法，不断地变通和创新，保证把事情做好。励志大师拿破仑·希尔说过：“人的学历、能力、运气、财产对他的成功并不起决定作用，起决定作用的是他积极的心态。”在职业生涯中，每个人都不可能一帆风顺，难免会遭受挫折和坎坷，那些逆流而上的人往往才是真正的强者。

（五）不抱怨，抓住机会

消极的人在遭受挫折时往往会一蹶不振。其实，遇到逆境时，关键看你如何选择，如何从失败中寻找到扭转时局、转败为胜的机会。抓不住机会的人只能被成功无情地甩开，跑向失败的深渊。反败为胜往往靠的是一种不屈不挠的勇气，一种不甘失败的积极心态。与其抱怨，不如积极起来，主动改变自己的思路，寻找解决问题的办法。

主动积极的心态可以帮助我们发现工作中的问题，找到更多解决问题的方法，从而战胜困难，保证工作的顺利进行。因为无论是顺境，还是逆境，我们都应该保持积极的心态，用一颗积极、主动、负责的心帮助自己获得更大的成功。

知识拓展

学生应具备的职业心态

1．积极心态

积极心态是指个人在面对问题、困难、挫折或挑战时，能够想到其积极的或有可能成功的一面。积极心态是一种肯定性的思维模式，也是一种乐观、豁达的心态，是迈向成功不可或缺的要素之一。在面对生活中出现的各种问题、困难、挫折或挑战时，积极心态能够帮助人们联想到其中最好的、最有利的结果，相信“办法总比困难多”，从而通过努力达到目标。如果学生能在职业生活中保持积极心态，并随着时间、地点、环境的变化不断地调整自己的心态，把自身的志向、优势当作进取的动力，敢于在艰苦的环境中磨炼自己，始终以一种良好的状态朝着既定目标努力，就能够取得事半功倍的效果。

2．空杯心态

空杯心态是一种归零、谦虚的心态。学生要有从头再来的勇气，并抱着谦虚求教的心态，像大海一样把自己放在最低点去吸纳百川，从而不断督促自己进步。人们常说："活到老，学到老。"在科技飞速发展的今天，知识更新不断加快，如果不虚心学习新的知识和方法，即使原来的专业知识很扎实，也一样会被社会的进步潮流所淘汰。因此学生不管做任何事情，都应该将心态回归于零，抱着学习的态度，将每一次任务都视为一个新的开始或新的体验，将其看成一扇通往成功的机会之门。同时，不能因一时的失败而一蹶不振，也不能因小小的成绩而得意忘形，而是要勇于放下，不断认识自己的不足，在困难和挫折面前不失信心。

需要注意的是，保持空杯心态并不是要一味地否定过去，而是要学会将过去归零，积极融入新环境、新工作，发现新事物。

3．感恩心态

感恩是一种处世哲学，也是生活中的大智慧。一个懂得感恩的人，不会为自己没有的东西斤斤计较，也不会一味索取而使自己的私欲膨胀，而是愿意感恩生活给予自己的一切。在职业生活中，也同样需要抱有感恩的心态。有人认为，工作是等价交换，因此谈不上感恩。殊不知，这种心态会影响到工作的成效及个人前途。只有抱着感恩的心态，承认并接受"为组织工作的同时，也是在为自己工作"这一职业理念，才能将手中的事情做好，从而获得丰厚的回报。同时，每个职业人在工作中都难免会遇到困难和挫折。常怀感恩之心可以帮助职业人换一个角度去看待工作中的困难与挫折，使自己永远保持健康的心态和进取的信念。

在成长过程中，学生受到过许许多多的恩泽，如国家的培养、大自然的给予、父母的养育、师长的教诲、亲友的关爱、他人的服务、陷入困境时好心人的救助等。学生只有学会感恩，并懂得回馈他人，才能真正体验到学习、生活和工作中的快乐。

三、良好职业心态的培养

（一）避免浮躁

何谓浮躁？浮者，无根也；躁者，不静也。当前有部分学生非常浮躁。例如，在学习上浮躁，不求甚解；在性情上浮躁，易喜、易悲、易烦、易怒；等等。这些浮躁的心态容易使学生好高骛远、随波逐流，对学习、生活，甚至将来的职业生活都有非常负面的影响。因此，学生应避免浮躁、踏实认真，才能保持良好的心态，为将来的职业生活打下良好的心理基础。具体来说，避免浮躁心态，学生需要做到以下几点：

（1）要用严谨的态度生活和学习，对任何事情都要认真、细致，做任何事情都要有计划、有条理，并将之付诸行动。

（2）要有主人翁意识，要认识到自己是社会大家庭中不可分割的一分子，与同学、老师、亲人互帮互助。

（3）要有紧迫感，改掉拖拖拉拉的作风。作为学生应时刻督促自己，学会用最短的时间完成任务，不能抱有“多干多错、少干少错、不干不错”“不求无功、但求无过”等错误的想法。

（4）学会在学习和工作中寻找乐趣。在长期的学习和工作中，难免会觉得枯燥、厌烦。这时，学生可以先停下来，做一些自己感兴趣的、有乐趣的任务，在调整好情绪后再继续没有完成的工作。

（二）学会控制情绪

◢ 案例

2020年，因国外新冠肺炎疫情严重，一名澳大利亚籍华人女子回国躲避疫情。由于她属于外来人员，因此其所在社区的工作人员按规定上门对其宣讲政策，并要求她进行居家隔离，不得外出。可是，这名女子不但不遵守社区隔离规定，坚持要每天出门锻炼，还对前来做思想工作的社区工作人员乱喊乱叫，态度十分蛮横。工作人员无奈，只得报警求助。可是，这名女子不但不收敛，还辱骂出警的警察。

该名女子拒不执行防疫规定的视频被围观群众发到网上后，引起了社会各界的指责。在广大人民群众和社会舆论的压力下，该女子终于配合工作人员进行了居家隔离。

出乎人们意料的是，随后不久，该女子所在的德国拜耳公司竟然直接发布了一个声明，内容是该女子虽然为公司员工，但她不遵守中国的法律规定，因此公司决定辞退她，且立即生效。一时之间，国人皆拍手称快。

那么，为什么这名女子没有遵守我国的抗疫政策，拜耳公司就要辞退她呢？答案就是，该女子的态度有问题。虽然她的行为没有造成实质性的不良后果，但是拜耳公司认为，从该女子拒不执行防疫规定、辱骂工作人员和警察的嚣张态度上，可以反映出她对待工作的态度，所以拜耳公司对其采取了最严厉的处罚，做出了辞退她的决定。

在生活和工作中，每个人都会遇到烦恼。那些不能很好地控制自己的情绪的学生，往往在遇到事情时过于激动、焦躁或极端化。如果这种情况不能得到有效改善，就容易使学生在走入职场后，受到他人的排挤或冷落，对其职业生涯产生不良影响。而那些善于调节和控制自己情绪的学生，往往能够在遇到问题时，有意识地抑制冲动行为、抵制诱惑，这就使他们更容易融入集体，在将来的职业活动中获得成功。因此，学生应从现在起，学会控制情绪，为将来更好地融入职场做准备。

要想学会控制情绪，学生首先需要完善自我，加强自我管理意识，主动把专业学习与职业规划结合起来，自省自励。其次，学生应学会自我激励。如果学生能够在每次遇到挫折和困难时，通过自我激励快速走出负面情绪，以积极的心态面对现实，就能使事情自然地向着积极的方向发展。再次，学生需要学会正确表达自己的情绪。在遇到挫折和困难时，积极与人沟通，通过改变认知、合理宣泄等方法进行自我鼓励，将自身的冲动、抑郁、焦虑、自卑等不良情绪遗忘或转移，进而获得力量。

（三）处理人际关系

人际关系好的人一般都会有较多的朋友，这使得他们无论是在工作中还是在生活中，都会感到安心。因此，良好的人际关系可以帮助个人保持一个较为稳定和良好的心理状态，从而更好地工作和生活。在学校里，学生需要处理各个方面的人际关系，如师生关系、同学关系、同乡关系，以及个人与班级、学校之间的关系等。面对如此众多的人际关系，如果学生不能很好地处理，就不能保持良好的心态。因此，学生必须处理好人际关系。那么，学生应如何处理好人际关系呢？

1. 学生应当提高自身交往素质

人与人的交往，是思想、能力、知识及心理的整体作用，哪一方面欠缺都会影响人际关系的质量。有的学生存在社交恐惧、自卑、冷漠、封闭、猜疑、自傲、嫉妒等不良心理，这些心理都不利于学生建立良好的人际关系。因此，学生应提高自身素质，培养真诚、信任、克制、自信、热情等良好的交往品质，以积极的态度与人交往。

2. 学生要懂得运用一些实用的交际技巧

例如，与同学产生矛盾时，进行换位思考，站在对方立场上想问题，从而找到解决的办法；学会适度地赞美他人，表现出自己的善意，从而增进彼此之间的感情；主动与人交谈，积极拉进自己与周围人之间的关系；积极帮助他人、主动参加集体活动和社会实践；等等。

素养训练

1. 材料分析

材料：

一家电脑销售公司的老板吩咐三位员工去供货商那里调查供货情况。

第一位员工没有去供货商那里调查，而是找到同事，向他们了解本公司之前采购电脑的具体情况，然后将所了解到的情况进行汇总，便急急忙忙去向老板报告。

第二位员工用一上午的时间跑了三家供货商，分别对三家供货商的电脑配货情况做了调查和记录，然后向老板做了报告。

第三位员工用了一整天的时间，跑了市里所有能找到的供货商。他对这些供货商的供货渠道、产品状况、销售情况等都做了调查和记录，还列出了一个表格，对这些供货商的产品做了详细的比较，并在最后制订了一个购买方案。当他把自己的调查方案给老板的时候，老板大加赞赏，当场奖励了他。

2. 自我提升

（1）从责任意识的角度，试阐述出案例中第三位员工的责任意识体现在哪些方面？

____

____

（2）试分析，在生活中如何培养自己的责任意识？

____

____

第四章
职业理想　规划人生

学习目标

◆ 熟悉职业理想的内涵；
◆ 理解生涯与职业发展；
◆ 认知职业对从业者兴趣、性格与能力的要求。

思政目标

能够设计职业生涯规范，自觉培养职业个性，规范自我。

案例导入

小丽从小就多才多艺，能歌善舞。随后，她进入一所艺术学校学习舞蹈专业。舞蹈基本功训练很辛苦，一个下腰动作就要训练好几天。好多女孩子受不了这种苦，可小丽却默默地加大训练力度，由于舞姿非常优美，同学们称她为“舞蹈仙子”。

天有不测风云，一次交通意外让小丽左腿粉碎性骨折，留下残疾，从此不能再跳舞了。小丽不知道自己将来的路应该怎样走，常默默流泪，拿笔随便涂涂画画解忧。老师看到小丽的涂鸦，建议她转修美术。从小视舞蹈为最爱的小丽，只能依依惜别舞蹈，去美术专业学习。

小丽的班主任非常关注这个曾经的“舞蹈仙子”，教她欣赏美术作品、点评画作，在看似不经意间，对她美术方面的才华给予肯定，让小丽感觉到自己在美术方面有未发掘的天分。小丽渐渐有了些自信，对于五花八门的画具和画纸不再陌生。小丽不愧是个有天赋和灵性的孩子，而且用心、刻苦。在学素描时，在画室常能看到小丽拖着不太便利的左腿，围着几何体模型从各个角度观察、描绘。在学写生时，为了准确地把握自然界光影的变化，她不怕辛苦，经常在周末背着画夹到郊外，一坐就是一整天。功夫不负有心人，她终于能巧妙地将美丽多彩的大自然展示在自己的作品中。在学漫画时，小丽不仅认真听讲，还利用业余时间钻研动漫制作。当画作在电脑上动起来，小丽快乐得做起了久违的舞蹈动作。在有些同龄人沉迷于玩乐交友时，小丽却痴迷于绘画带来的享受。她的画笔用了一套又一套，画纸摞了一层又一层。

小丽用深埋在心中对舞蹈的爱，在纸上画出一个又一个“跳动的音符”，用另一种方式诠释着她对人生的感悟。每逢舞蹈专业排练出新舞蹈作品，小丽一定会去观赏，并以独特的构图来展现同学们优美的舞姿。她的一幅幅充满灵性的作品，也赢得了同学和老师们的喜爱。

小丽把过去对舞蹈的热爱奉献给了绘画。坐在画室中，面对画纸，让灵感自由地奔涌，成了她最快乐的时刻。她的作品多次被推荐参加画展，她设计的广告画也得到一致好评。毕业后，许多广告公司邀请她做设计，当地的动漫城也邀请她去工作。如今已小有名气的小丽，正用画笔描绘着美好的人生。

【思考】

1. 小丽从小的爱好是什么？如今从事的是什么职业？

2. “舞蹈仙子”小丽为什么转修美术？

第一节　职业匹配　生涯规划

一、职业理想与职业匹配

（一）理想概述

1. 理想的含义

作为一种精神现象，理想是人们在实践中形成的、具有实现可能的、对未来社会和自身发展目标的向往和追求，是人们的世界观、人生观和价值观在奋斗目标上的集中体现。简言之，理想是人生的奋斗目标。

理想犹如人生道路上的明灯，为未来指明方向，学生应该有美好的人生理想。理想是多方面、多类型的，根据不同的标准，有如下几种分类方式。根据理想的性质划分，有科学理想和非科学理想。理想源于现实，又超越现实。理想在现实中产生，但它不是对现实的简单描绘，而是与奋斗目标相联系的未来的现实，是人们的要求和期望的集中表达。科学理想则是人的主观能动性与社会发展客观趋势的一致性的反映，是人们在正确把握社会历史发展客观规律的基础上形成的。反之，非科学理想则是违背事物发展规律的，如幻想、空想、妄想等。按理想的内容划分，有社会理想、道德理想、职业理想和生活理想等。按照理想的时间长短划分，有长期理想和近期理想。

2. 理想的类型

人的社会性，生活的多样性，人们对现实生活和未来追求的复杂性，决定了人类理想的多种类型。

◢ 案例

黄福荣，原为香港的一名货车司机，人们亲切地称他为阿福。阿福自己是糖尿病患者，收入也不高，但他近十年来，热心公益事业，特别是帮助了很多较贫穷落后地区的人群。2002年元旦，阿福自发为血癌病人筹款，由香港尖沙咀出发，展开“行路上北京”壮举，背着行囊日行数十公里，终以3个月时间行毕全程2 800公里，帮助中华骨髓库筹得善款，更捐上自己毕生的积蓄。2008年汶川发生大地震，灾民惨况触动了阿福，他坚持带病独往重灾区救助灾民。2010年4月初，阿福经兰州抵达青海玉树，前往孤儿院做义工。

2010年4月14日，青海省玉树发生了7.1级地震。当时，阿福带着孩子顺利逃到了室外。但由于屋内仍有3名学生和3名教师被困，他跑回去继续救援。10时许，全部孩子和1名教师被救出，但阿福被倒塌的建筑物压住，并遇难。

阿福自己身体也不好，而且也不富裕，为什么还要去帮助别人呢？因为他的追求是公益事业。在汶川地震时，他曾说：“我是货车司机，没有很多钱来捐助同胞，就来出份力。”这朴实的话语表现出了他的理想的崇高境界，令人敬佩。

（1）按理想的性质划分。

按理想的性质来分，有科学理想与非科学理想，崇高的理想与庸俗的理想。符合事物发展规律的是科学理想，违背规律的是非科学理想。崇高的理想，它的出发点是从他人、集体、人民的利益着想；庸俗的理想总是从个人或家庭狭隘的眼前利益出发，以自我为中心，一切为个人打算，甚至损人利己。

（2）按理想的内容划分。

按理想的内容来分，有社会理想、道德理想、职业理想和生活理想。社会理想是指人们对未来社会制度和社会面貌的预见和期望。道德理想是指人们对做人的标准和道德境界的向往和追求。职业理想是指人们对未来工作的向往和追求。生活理想是指人们对未来的吃、穿、住、行、爱情、婚姻、家庭等具体目标的追求。其中道德理想、职业理想和生活理想属于个人理想，所以理想也可以分为社会理想和个人理想。

哪个理想起决定作用，是核心理想？社会理想是人们的精神支柱，是生活的动力源泉，是全部理想的核心，它贯穿于生活理想、职业理想、道德理想之中，并决定和制约着这三方面理想的发展和实现程度。一个人眼界往往也决定着人生舞台的高度。一个缺乏社会责任感的人，只把个人和家庭的幸福安逸当成是追求的终极目标，那么，他必然目光短浅，难以成就大业。即使，他成了一个企业家，也只会急功近利，不可能打造出闻名中外、经久不衰的企业。历史上的伟人无不心系祖国，忧国忧民，有强烈的社会责任感。

（3）按理想的时间长短划分

按理想的时间长短来分，有远大的长期理想和具体的近期理想。例如，实现共产主义是共产党远大的长期理想，它为党的一切行动指明了方向。建设有中国特色的社会主义，是共产党在社会主义初级阶段的具体的近期理想，它激励着全国人民为这个目标而共同奋斗。

步入校园，可以设立一个远大的长期理想，指引着前进的方向。但是理想的实现不是一朝一夕的事情，它让自己感到遥远。于是还需要一些阶段性的理想，如五年内要达到的目标、十年内要达到的目标，这些目标的实现要比长期理想的实现容易得多，每一次成功，都在逐步地接近自己的远大理想。这些阶段性的理想有指导和激励作用，从而使自己不迷失方向。

3. 理想的特征

（1）理想具有时代性

理想具有时代性。因为理想在实践中产生，所以必然受社会历史条件的制约。

在故事片《小兵张嘎》中，有个叫玉英的小姑娘问嘎子，“革命胜利后想干啥？”嘎子回答：“先坐一回‘戚里咔嚓，呜——’的火车过过瘾，再去学会开小火轮！拉大伯、大妈下天津卫逛逛。”在旧社会，像嘎子这样，想坐火车、开轮船的孩子应该是很有追求的。但是今天，如果问一个孩子同样的问题，他可能不会说，“我想坐火车、开轮船。”因为时代发展了，生产力水平提高了，这些事情看起来很平常。现在的孩子可能会说，“我要当个宇航员，遨游太空。”可见，人们的理想受自己所在的时代、社会生活条件的影响和制约。

为什么父母和子女之间往往有“代沟”？因为父母和子女是两代人，从小接触的社会生活环境、接受的教育有很大差异，所以追求的目标也会有所不同。如果不能有效地沟通，达到彼此理解，就会产生“代沟”，甚至形同陌路。

（2）理想具有超前性和客观性

理想作为一种社会意识，从形式上看是主观的，属于人的主观精神现象。从内容上看，理想具有客观性，是人们在实践活动中逐渐形成，对客观现实的反映，但理想又高于现实，是现实的升华，因此理想又具有超前性。科学理想，在一定条件下就可以转化为现实。

理想与幻想、空想的共同点在于都是人的主观想法，对美好未来的设想。而它们的区别在于是否存在现实的根据，是否有实现的可能。

空想是不切实际的想法，虽然也是人们对未来的一种想象，也反映人们的某种追求目标，但它是缺乏客观根据的，是脱离实际的主观想象，不符合事物发展的规律，不可能实现。

幻想是一种指向未来的特殊的想象，它与人们的生活愿望相结合，与现实有一定的距离。幻想是不科学的，离现实较远，不能成为追求目标。

理想不同于前两者，不是人们单纯的主观想象，而是社会实践的产物，源于现实，又高于现实。

很多学生对未来充满着美好的憧憬和期待，但是他们所追求的目标存在着幻想的色彩，如想成为歌星、球星、影星。但是成为耀眼的明星，对于多数人来说，只能是一种幻想。如果为了这个目标，投入了太多的时间和精力，就是一种浪费，到头来“竹篮打水一场空”，浪费了青春，荒废了学业，却一事无成。职业院校的学生，把成为有一技之长的专业技术人员、成为某个行业中的专家作为自己的理想，更切合实际。因为它源于现实，高于现实，经过努力，能够实现。如果学生把宝贵的时间用在切合实际的目标上，那么，青春不会虚度，生活会变得充实，而且今天的行动，为将来的一生打下了良好的基础，将使自己终身受益。

4. 理想对人生具有重要意义

（1）理想是人生的精神支柱。

人的生活可以分为物质生活和精神生活两方面。物质生活固然重要，而精神生活往往有更加重要的意义。理想可以成为人们强大的精神支柱。人有了精神支柱，就可以使人生更充实，使自己无论是在顺境，还是逆境，甚至是死亡威胁面前，也毫不动摇和退缩，而勇往直前。有这样一件事情，发生在1928年2月，这是敌人最后一次审讯夏明翰了。敌军官：你姓什么？夏明翰：姓冬。敌军官：胡说，你明明姓夏，为什么乱讲？夏明翰：我是按照你们的逻辑回答的，你们不是经常把黑说成白，把天说成地，把杀人说成慈悲，把卖国说成爱国，我姓夏，就当然应该说姓冬了。敌军官：你多大岁数？夏明翰：我是共产党，共产党万万岁！敌军官：你的籍贯？夏明翰：革命者以四海为家。我的籍贯是全世界！我相信，总有一天，红旗会插遍全世界！敌军官：这成什么话？有没有宗教信仰？夏明翰：我们共产党不信神不信鬼。敌军官：那么，你没有信仰喽？夏明翰：有信仰，我信仰马克思主义。敌军官：你究竟知不知道你们的人？夏明翰：知道，都在我心里，就是不告诉你！对于这样一位共产党人，敌人用尽心机，但没有丝毫效果，最后宣布将他“就地枪决。”夏明翰：给我一张纸，一支笔。他接过来，昂然一笑，然后在纸上写下一首正气凛然的就义诗：砍头不要紧，只要主义真，杀了夏明翰，自有后来人！

夏明翰为什么有这种大无畏的革命精神，临死之前，面对敌人的淫威，不但没有丝毫畏惧，还能镇定自若地写诗抒发自己对革命胜利的坚定信念？

这说明了理想可以成为人们强大的精神支柱。人有了理想，无论是在顺境，还是在逆境，甚至是在死亡威胁面前，也毫不动摇和退缩。

有的人，没有理想，精神空虚，往往寻求精神上的寄托，迷恋网络游戏，整天沉醉于虚拟的世界，而对现实世界采取逃避的态度。但是，这样下去，生活会变得越发空虚、颓废，甚至葬送自己的一生。毕竟我们生活在现实社会，对现实生活的逃避，只能导致在现实生活中的失败。

（2）理想是人生前进的方向。

革命前辈李大钊同志曾这样讲过："青年啊，你们临开始行动之前，应该定定方向。譬如航海远行的人，必先定个目的地，中途的指针，总是指着这个方向走，才能有到达目的地的一天，若是方向不定，随风飘转，恐怕永无达到的日子。"

苏格拉底说："世界上最快乐的事，莫过于为理想而奋斗。"理想是人生的奋斗目标，它一经确立，就会引导人生前进的方向。没有理想，就没有方向。青年人，只有树立远大的理想，才能在人生的旅途中，不畏艰难险阻，不论遇到什么挫折，甚至失败，总会积极、乐观地面对人生。

理想即古人所说的"志"。北宋苏轼说："古之立大事者，不惟有超世之才，亦有坚韧不拔之志。"明代学者王守仁说："志不立，天下无可成之事。"

孔子概括自己的一生曾说："吾十有五而志于学，三十而立，四十而不惑，五十而知天命，六十而耳顺，七十从心所欲而不逾矩。"

孔子少年时期就立下远大志向，为实现理想而周游列国，虽颠沛流离，却终生不悔。

（3）理想是人生前进的动力。

理想来源于现实，又高于现实，比现实更美好。人们为了把美好的理想变为现实，就会以坚强的毅力、顽强的斗志、拼搏的精神去奋斗。所以，理想能给人们提供强大的精神力量。

世界著名的音乐家贝多芬，17岁时，母亲去世，遭受沉重打击，28岁时，失去听力，这对于一个酷爱音乐的人来说无疑是一种毁灭。但他没有消沉下去，而是顽强地进行创作。在完全丧失听力的情况下，仍然创作出动听的乐曲。远大的志向使他战胜了一系列困难，走向了人生辉煌的顶点。

清代小说家蒲松龄虽家境贫寒，但少年有志，刻苦攻读，青年时期享誉文坛。虽然他参加科举考试，屡试不中，但他没有灰心丧气，反而转而著书。他曾写下一幅落第自勉联：有志者，事竟成，破釜沉舟，百二秦关终属楚；苦心人，天不负，卧薪尝胆，三千越甲可吞吴。远大的理想激励着他，经过数十年努力，终于创作出著名的《聊斋志异》，成为中国古典名著之一。

高尔基说："一个人追求的目标越高，他的才力发挥得越快，对社会就越有益。"

（二）职业理想

◢ 案例

傅雷，是我国著名的翻译家、文艺评论家。他有两个儿子。傅雷发现其长子傅聪有着一双音乐的耳朵。经过严格的训练，傅雷将傅聪培养成了一名优秀的音乐家。他的另一个儿子傅敏也曾想当音乐家，并把精力大量地投放于音乐学习上，但经过一段时间的刻苦努力，却少有进步。此时傅雷明智地认识到不是谁都能当一流的音乐大师的。他对傅敏做工作，重新规划未来的职业。傅敏听从了父亲的告诫，转移兴趣，后来成为一名出色的教育家。

只有确定了符合实际的职业理想，才能成就理想的人生。

职业理想是人在职业方面的追求目标。职业理想的确定要符合客观实际。这个客观实际包括社会现实和个人实际情况两部分。个人实际情况又可以包括个人的兴趣、能力、性格、专业技能等。兴趣对人生事业的发展至关重要，但在选择职业时，首先考虑的还是能力，这才更加现实。优秀的学生应在自己的优势能力范围内，选择自己感兴趣的领域。

（一）职业理想的内涵

职业是维持个人、家庭生存和发展的手段，是获得个性发展、实现自我价值的途径，同时也是个人社会地位的象征。学生在未步入职业生涯之前，就已经有了初步的职业意识和职业道德，就已经开始形成并发展着自己的职业理想。

职业理想是指人们在一定的世界观、人生观、价值观的指导下，对自己未来所从事的专业、工作部门、工作种类、发展目标做出的想象和设计，以及对自己在事业上获取成就的向往和追求。

树立正确的职业理想，对于学生正确处理择业问题和正确对待职业生涯，最大限度地施展自己的才华和实现自身人生价值，具有十分重要的意义。

（二）职业理想的形成过程

职业理想的形成，是职业理想由浮浅、主观趋于成熟、稳定的发展过程，这一过程大致可分为以下几个阶段：

1. 幻想阶段

这一阶段主要在小学时期。小学生初步具备的职业意识，是以萌芽状态表现出来的，并且具有空想的色彩。小学生以自己原始的兴趣爱好和崇拜对象形成职业理想，现实考虑极少，带有随机性，易随客观环境刺激的变化而变化。

2. 分化阶段

这一阶段主要是在中学时期。中学生已经初步形成了兴趣爱好和价值取向。职业理想由兴趣主导，能力占优，再到价值取向左右，并试图将兴趣和能力统一于价值观体系中。这一时期的职业理想仍然属于单纯的个人主观意识，而这种职业理想到了一定阶段往往受到一定现实条件的限制。随着心理、生理等各种因素的不断发展，中学生的职业理想开始出现分化，分化的原因主要是中学生认识到未来职业与主体状况的内在联系，他们在不断地分析比较中选择调整自己的职业理想，并且进行各种各样的努力。

3. 成熟阶段

这一阶段是一个由具体职业倾向到抽象职业成就过渡的阶段，是职业理想逐渐稳定的过程。学生处于这一阶段的初期。专业选择是职业理想的具体表现，学生权衡各个职业的价值，选取相对价值最高的职业目标，尽管将来未必从事本专业工作，但应积极学习为将来择业就业，实现职业理想完成前期准备。伴随着知识的增长以及对社会职业了解的深入，逐渐形成为某个目标或某项事业而奋斗的职业理想，即实现了由倾向于具体的职业形象到倾向于抽象的职业成就感的过渡。职业理想在一定时期处于不完全稳定状态，这是由他们在这阶段的自我认知水平和心理成熟度决定的。在校学生处在职业社会边缘地带，并已开始向职业社会过渡，通过实践，其职业理想也逐步趋于稳定。

（三）职业理想对学生的重要意义

1. 职业理想是学生职业发展的航标

在人生道路上，人们是通过职业活动来追求物质生活和精神生活的满足，追求人生价值的实现，追求社会对自己的认同的。人生发展的目标是通过职业理想来确立，并最终通过职业理想来实现的。

职业理想的确立，就是为自己确立了人生实践活动的目的，为自己找到了职业发展的航标。所以，学生确立了职业理想，就有了明确的职业发展奋斗目标，就不会在职业生活中迷失方向，从而可以避免盲目就业。

2. 职业理想是学生事业发展的精神动力

职业理想作为一种可能实现的奋斗目标，是人们实现职业愿望的精神支柱和力量源泉。人们一旦在心中确立了自己的职业理想，就会为之积极准备、努力奋斗。即使在工作实践中遇到困难和阻力，也不会心灰意冷、丧失斗志，而是不畏艰难、勇往直前、奋发进取。

确立了职业理想，就有了事业发展的精神动力，这可以促使学生主动养成爱岗敬业、乐于从业的职业精神。

3. 职业理想是学生实现人生价值的起点

人生价值是指人的生活实践对于社会和个人所具有的作用和意义，分为自我价值和社会价值两个层面。

一个人只有确定了正确的职业理想，才会朝着既定的方向和目标努力奋进，逐步实现自己的人生价值。可以说，确立正确的职业理想，是实现人生价值的起点和前提。

学生一旦明确了自己的职业目标，确定了未来的从业方向，就会把今天的学习与明天的职业成就联系起来，把自己融入国家和民族的伟大事业中，更加珍惜在校的学习时光，自觉努力地提高职业技能，提高自身综合素质，为将来所从事的职业做好充分的准备。

（四）职业理想对社会的重要作用

1. 有明确职业理想的高素质劳动者是社会发展的动力

明确的职业理想能够帮助高素质劳动者和技能型人才形成良好的职业道德和从业技能。明确的职业理想可使职业劳动者以出色的工作、优质的产品和服务，为企业赢得效益，为社会做出贡献。因此，有明确职业理想的高素质劳动者和技能型人才，既是企业，也是社会可持续发展的重要推动力量。

2. 职业理想是实现社会理想的基础

社会理想指人们对未来社会制度和政治、经济结构的追求、向往和想象，是对社会现实及其发展的希望和憧憬。职业理想与社会理想相辅相成、相互影响。正确的职业理想是人在职业活动中的精神支柱。职业理想是社会理想的基础。因为，社会理想是通过具体职业理想的确立和职业活动的完成实现的。学生是未来的劳动者，是社会发展的潜在动力，应在实现职业理想的过程中，弘扬爱国精神和创新精神，积极投身到中国新时代社会主义建设中。

（五）人与职业相匹配

1. 认识自己才能科学合理做出职业定位

古希腊德尔斐的一个神庙前竖立着一块石碑，上面刻着一句名言："认识你自己。"它表达了人们最朴素的愿望和渴求，耐人寻味。职业定位是一个理性审视自我的过程，是在了解自我的基础上确定自己的职业方向与目标，并制订相关计划，避免就业盲目性，降低就业失败率，为个人走向职业成功提供最有效的途径和方法。民谚说得好，男怕入错行，女怕嫁错郎。可见择业对一个人的一生非常重要。选择职业就是选择将来的自己。每个人都应该在自己擅长的岗位上工作，这样才能有所发展。

每个人在成长过程中都会面临很多选择，而择业是其中重要的选择之一，因为它们将决定一个人今后奋斗的目标和人生的方向，每个人一生中都应有一个定位。定位准确是职业成功的前提和基础。把目光投向希望，把目标锁定未来，职业劳动者才有可能踏上成功之路。

2. 职业匹配的原则及方法

毕业生对自己未来职业进行定位时，需要把握一些基本原则，依靠这些原则可以快速、正确地缩小自己的选择范围，从而使职业定位开始变得清晰起来。

（1）选择自己所爱的。

职业定位首先要思考自己喜欢哪种职业，或者对哪种职业比较感兴趣。研究表明，一个对所从事职业感兴趣的人，能够发挥其才能，而且能保持长时间、高效率地工作。而对所从事职业不感兴趣的人，则只能发挥其才能的一半，且容易精疲力竭。一般来说，只有从事自己喜爱的、感兴趣的工作，工作本身才能给职业劳动者带来一种满足感，职业生涯才会变得妙趣横生。因此，选择自己所爱的职业是学生未来职业定位的首要原则。

（2）选择自己所长的。

在激烈的就业竞争中，作为学生必须认清自己的所长和所短，亦即竞争的优势和劣势。然后在此基础上，按照“择己所长、扬长避短”的原则进行具体的职业定位。要尽可能学以致用，发挥自己的专业特长，把未来的职业定位在与自己所学专业有较密切联系的行业领域。

（3）选择市场所需的。

任何职业的兴起、发展、衰落及消亡均是由社会需要的变化引起的。因此，毕业生在进行职业定位时，不仅要了解当前的社会职业需求状况，还要善于预测职业随社会需要而变化的未来走向，以便使自己的职业定位具有一定的远见。否则，一味关注眼前热门的职业，可能导致长远的选择失误。可以预见，即使目前特别热门的许多职业也有可能随着社会需求的变化而成为明日黄花。

（六）人与职业的匹配

1. 性格与职业的选择

近年来，许多用人单位在选人时出现了一种新观念，这就是性格比能力重要。其原因是，能力可以通过培训得以提高，但如果一个人的性格不好，要改变起来就困难多了，正所谓“江山易改，本性难移”。一般来讲，个人特征与职业有关联的大致有三个方面：性格、兴趣及能力。其中性格决定着人的行为方式及特点，兴趣表现出行为的倾向性，而能力是顺利完成某种活动并影响活动效率的心理特征。这里，性格起着最重要的作用，反映了一个人独特的行为方式。

那么，性格与职业岗位究竟怎么匹配呢？广义上讲，每种职业岗位都有它独特的行为要求，而这种要求是否与自己的性格行为趋向一致？如果一致，则顺其而行，很容易满足职业岗位的要求；反之，则须调整自己与职业岗位行为相悖的性格行为。通常，个人在选择职业时要先考虑自己的性格是否适合这一职业岗位的要求，要选择适合个人性格特点的职业和工作。美国心理学家妮蒂雅提出了活泼型、力量型、完美型及和平型四种性格类型。它既容易被人掌握，也具有概括性和科学性。运用它，职业劳动者很容易描画出自己的性格轮廓。从职业角度来说，活泼型属于交际型，力量型属于行动型，完美型属于研究型，和平型属于执行性。

交际型的人喜欢说，喜欢与人交往，热情助人，害怕孤独，一般比较单纯，感情外露，情绪化，有孩子气，喜欢与人打交道的岗位是富于变化的工作，如销售、公关、记者、教师等。他们着眼于工作的面而不是工作的点，如果他们在某一个点持久停留，如做研究分析或机械重复的工作，则缺少耐心或毅力。

行动型的人喜欢做，精力充沛，意志坚定，充满自信，理智果断，目标明确，做事效率高，但缺乏同情心，不大关注人际关系，比较固执，以自我为主。这类型的人适合从事管理、具有挑战或竞争性的工作，如企业家、管理者、商人等。

研究型的人喜欢想，善于分析，责任感强，做事预先作计划，想好了再干，不像行动型的人先干起来再想。追求完美，注重细节，富有创造力，喜欢独处，总把目光放在事物的消极面，因而容易发现问题，避免麻烦出现，同时也容易产生疑虑及忧郁。许多工程师、发明家、科学家、思想家、作家、艺术家等都属于研究型。

执行型的人性格低调，容易相处，平静有耐心，容易适应环境，不易生气，避免冲突，善于面对压力，有同情心，但对任何事情都缺少激情，得过且过，躲避责任，喜欢沉默，与人交流少，这类型人适合职业有档案管理员、保密员、办公人员等。

前两者归属于外向型，看待事物时常常抱乐观的态度，目光注视阳光面，而后两者属于内向型，看待事物时常常抱悲观的态度，目光注视阴暗面。

根据上述内容，可以将自己的习惯行为与上面所描述的性格类型对照一下，确定自己属于哪种类型。但根据专家多年的测评经验，大多数的人都是两种类型的混合。在大方向上，如果自己偏向外向型，则应该选择那些与人交往的工作，工作的内容富有变化，如管理、销售、公关、记者、营业员、客户服务等，在这方面具有天生的亲和力；如果自己偏向内向型，则应该选择那些需要思索及耐心的工作，如设计、编程、财会、科研、档案管理员等。如果性格与职业匹配错位，如让一个外向型的人去从事设计，尽管在工作要求下也能取得成绩，但相对于一个匹配合理的岗位来说，要付出更多的代价，且不容易获得成功。

人的性格类型是复杂的，自身的调整、环境的影响都可能对其产生影响，不同学者的研究结论并非完全一致。无论求职者还是招聘者，都不会单纯以此为依据选择职业、选择人。

2. 兴趣与职业的选择

诺贝尔物理学奖获得者丁肇中说：“兴趣比天才重要。”兴趣是影响一个人职业选择和发展的非常重要的情感性倾向因素之一。兴趣在职业活动中起着十分重要的作用。因为只有当人对自己从事的职业产生浓厚的兴趣时，才能够充分调动内在的积极性和创造性。达尔文如果没有兴趣就不会创立具有划时代意义的进化论；牛顿如果没有兴趣就不会创出万有引力论。所以，了解自己的兴趣是求职择业前必须明确的一个重要方面。

在日常生活中，兴趣对人生事业的发展至关重要，但在选择职业时，还要注意自身具备的条件。编者主张首先考虑能力，在自己的优势能力范围内，选择自己感兴趣的领域。

3. 能力与职业的选择

众所周知，要从事一项职业，必须具备该职业所需要的能力。能力是一个人择业的筹码。从职业能力要素上去分析，职业劳动能力是由体力、智力、知识、技能四个要素构成的。

第一是体力，即人的身体素质，包括人体生理结构，人体运动功能，人体对劳动的承受能力，以及消除疲劳恢复体力的能力。

第二是智力，是人们认识客观事务、运用知识解决问题的能力。智力的因素包括感知力、记忆力、思维力、想象力四个方面。

第三是知识，是人们通过学习和实践掌握有关职业活动的理论和经验。对于每一个职业来说，知识包括一般知识和专业职业知识两个方面。

第四是技能，技能是人们经过训练而熟练化、规范化的动作系列或思维系列，是具体从事职业活动的本领。

学生可依据能力倾向进行合理定位，使用能力倾向来分析自己的职业定位。能力具体分为以下几个方面：

（1）语言能力。

这种能力是善于清楚地表达自己的观念和向别人介绍信息的能力。这种能力突出的人比较适合从事作家、秘书、编辑、社会科学家、教师、政治家等职业。

（2）数理逻辑能力。

这种能力是能够准确、迅速地运算以及准确、及时地推理解决应用问题的能力。这种能力是从事科学研究必备的。许多科学家就是这种能力突出的人。这种能力突出的人比较适合从事科学家、工程师、计算机程序设计者、会计师和哲学家等职业。

（3）空间判断能力。

这种能力是指能从三维空间观察环境并在头脑中构成形象的能力。这种能力突出的人适合从事建筑师、艺术家、机械师、工程师和城市规划师等职业。

（4）运动协调能力。

这种能力是指个体对身体运动控制能力和熟练操作对象的能力。运动能力突出的人喜欢体育运动和体育竞赛。这种能力突出的人适合从事木刻、绘画、装配、演员等职业。

（5）人际关系能力。

这种能力是指善于理解他人、揣摩他人的能力。这种能力表现出色的人深谙人情世故，掌握人际关系的吸引规律，长于组织活动，善于协调和理解对方的情感，并能使之通力合作。这种能力突出的人适合从事教师、营销人员、政治家、企业家等职业。

（6）艺术能力。

这种能力是指运用艺术手段再现社会生活和塑造某种艺术形象的能力。这种能力表现出色的人喜欢演奏乐器，容易记住音乐的旋律，能够辨别别人的歌是否走调，音乐节奏感强。这种能力突出的人适合从事写作、美工、绘画、唱歌、演奏等职业。

二、职业生涯规划及其意义

（一）生涯与职业生涯

1. 生涯的定义

“生涯”一词由来已久，“生”原意为“活着”，“涯”为边际，“生”和“涯”连在一起是一生的意思，也就是人的一辈子。

2. 职业生涯的含义

职业生涯是指一个人一生中的所有与工作职业相联系的行为和活动，以及相关的态度、价值观、愿望等连续性经历的过程。在校学生也可以将职业生涯理解为一个人在其一生中所承担职务的相继历程。职业生涯有以下几个方面的含义：

（1）职业生涯只是表示一个人一生中在各种职业岗位上所度过的整个经历，并不包含有成功与失败的含义，也没有进步快慢的含义。

（2）职业生涯由客观特征与主观特征两方面组成。要充分了解一个人的职业生涯，必须要从客观和主观两方面理解。表示职业生涯客观特征的概念是“外职业生涯”，指一个人在工作时期进行的各种活动和表现的各种举止行为的连续体；“内职业生涯”则表示职业生涯的主观特征，涉及一个人的价值观、态度、需要、动机、气质、能力、发展取向等。

（3）职业生涯是一种过程，是一生中所有与工作相关的连续经历，而不仅仅是指一个工作阶段。

（4）职业生涯受各方面因素的影响。个人对终生职业生涯的设想与计划、家庭中父母的意见与配偶的理解与支持、组织的需要与人事计划、社会环境的变化等都会对职业生涯有所影响。因此，职业生涯在一定程度上可以认为是多方面相互作用的结果。

职业生涯的分期详见表 4–1 所示。

表 4–1 职业生涯的分期

阶段（年龄）	愉悦人生	痛苦人生
职业准备期（15 岁～就业）	主动学习、充实自己	优哉游哉，无所事事
职业选择期（18 岁～ 30 岁）	尝试、思考、少转换	随遇而安
就业初期（25 岁～ 30 岁）	波折、思考、成绩	外强中干、失志颓废

阶段（年龄）	愉悦人生	痛苦人生
就业稳定期（31岁～50岁）	保持、提高	抱残守缺
就业后期（50岁～65岁）	传授	阻止青年创业
职业结束期（60岁～70岁）	乐观式超脱	心境阴郁

3. 生涯与职业发展

生涯是整个人生的重要阶段，校园生活往往为个人日后发展奠定坚实的基础。学生选择某一专业进行学习，是为今后职业做准备，这是个人职业生涯的起步阶段，是决定能否赢在起点的重要阶段。

在学校里，学生要学习如何做人、如何做事，要学会学习，学会与人交往，通过提升自己的整体素质，为毕业的职业选择做准备。准备得越充分就越能快速地找到自己理想的职业，顺利进入职业角色。

（二）职业生涯规划及其意义

◢ 案例

“我要立志成为一名优秀的幼儿园教师”“我要做一名电梯安装监理，还要成为电梯行业的书法家”……

在广州市中等职业学校学生职业生涯规划设计大赛颁奖礼上，数十名选手获奖。

大赛自启动以来，吸引了市属三十多所中职学校报名参加，近百名选手进入总决赛。

大赛邀请企业高管、专家当评委，同时引入了第三方评价机构来检测学生职业规划的可行性与合理性。在线下举办比赛的同时，主办方还在线上对中职生展开人才测评。在参与测评的中职学生中，90%对自身性格以及综合素质有较为明确的认识。

1. 职业生涯规划的含义

职业生涯规划是指通过个人和组织相结合，对个人职业生涯的主客观条件进行测定、分析、研究和总结，尤其是在对自己的兴趣、爱好、个性、能力、价值观、特长、经历以及存在的不足等各方面进行综合分析的基础上，确定最佳的职业奋斗目标，并为实现这一目标做出行之有效的安排。例如，做出个人职业的近期和远景规划、职业定位、阶段目标、路径设计、评估与行动方案等一系列计划。

职业生涯规划不同于职业生涯设计，前者是针对个人层面而言，后者是针对专家层面而言。个人进行职业生涯规划的目的是尽快实现自己的社会价值与自我价值，最大速度和最大限度地实现职业发展。当个人进行职业生涯规划有困难时，可以请职业规划师或职业咨询师进行科学的职业生涯设计。

职业生涯规划也不同于职业生涯开发与职业生涯管理。职业生涯开发指组织层面，而职业生涯管理指综合层面，组织对员工的职业生涯进行开发与管理的目的是为了提高生产力，提高组织的经济与社会效益。职业生涯管理是人力资源管理的重要方面，是一个正在发展中的专业方向。

2. 职业生涯规划的意义

职业生涯活动伴随了职业劳动者的一生，拥有成功的职业生涯才可能实现完美人生。因此，职业生涯规划，只要开始，永远不晚。职业生涯规划对于学生实现自己的人生价值，获得一生的幸福和满足都具有特别重要的意义。具体可以表现在以下几个方面：

（1）激发学生自我实现的需要。

“自我实现”来源于美国心理学家马斯洛的人本主义心理学，其真正含义是当人们获得了生理、安全和情感需要的满足以后，就要追求自我实现的满足，即在与环境积极协调和适应的前提下，个人潜能得以充分发挥。为做到这一点，个人必须超越自我。用马斯洛的话说就是“自我实现的人无一例外都献身于他们自身以外的事业，他们自己以外的东西”。

在我国，自我实现有时可以被理解为“事业有成”“功成名就”，而事业有成必须以正确的职业选择与发展为前提。因此，学生应该以科学的方法来正确地、全面地认识自我，了解社会对人才的需要，找出自己在知识、能力等方面与社会需要的差距，确定自己的发展方向与目标。为了成就自我实现的人生目标，毕业生有必要对职校生涯进行科学、合理地规划，并按照规划采取实际的具体行动。

（2）引导学生提高职业生涯规划意识及能力。

职业生涯规划，通过引导学生对自己的专业特长、兴趣爱好、性格特征、待人接物的能力、擅长的技能做充分的全面的分析，可以帮助他们对自己进行正确评估，迅速、准确地为自己定位，明白自己更适合什么样的工作，自己将来有可能在哪些方面获得成功，逐渐理清生涯发展方向，形成较明确的职业意向。提升学生的生涯自主意识和责任，可为其今后的事业发展做全面、长远的打算。

（3）促进学生树立明确的职业目标和职业理想。

职业生涯规划有助于学生通过对自己的优势与劣势进行对比分析，通过对外部职业世界的了解和分析，树立明确的职业发展目标与职业理想；通过评估个人目标与现实状况之间的距离，学会运用科学的方法，采取切实可行的措施，不断增强自己的职业竞争力，实现自己的职业目标与理想。

（4）增强学生在就业中的核心竞争力。

好工作不是依靠运气得来的，对毕业生而言，它是多种因素共同作用的结果。影响毕业生求职的因素包括学校培养质量、专业、社会需求和学生自身的变量，如个人综合素质、就业观念、就业技巧、性别、生源地与家庭背景，以及学校职业指导工作的进展情况等。其中，属于本人能够控制的主要是个人素质、就业能力与技巧。

对于当代学生而言，职业生涯规划就像一座灯塔，指引着自己在追求人生目标的道路上前进。它在总结了无数前辈智慧结晶的基础上，告诉学生做人处事的基本道理，指明怎样做才能事半功倍，让学生坚定地走下去，直到成功的终点。

总之，职业生涯规划的目的是要突破障碍、激发潜能、实现自我，它向学生提供一些有效的方法和工具，让学生有能力在不同发展阶段都能对自己的过去、现在和未来有一个重新审视和评估的机会。即使在无法预期、充满不确定感的人生中，学生也能学习到如何根据这些可能发生的变局，不断调整自己，修正可执行的计划，为自己的每一个人生阶段创造最大的满足感和成就感。

思政园地

根据疫情防控需要，学校举办的职业生涯规划大赛首次尝试了线上直播，学校全体同学通过微信公众号和视频连接端口进行了线上观看。

大赛开始前，副校长为大赛致辞。他勉励同学们树立正确的人生观、价值观、就业观。尽早做好职业生涯规划，合理安排校园生活、不断提升职业技能、明确未来发展的目标和方向，将来才能更好地投身到“健康中国”建设中，成长为立大志、明大德、成大才、担大任的时代新人。

比赛通过职业生涯规划展示、职业角色情景模拟和现场问答三个环节，同学们都通过激情洋溢的演讲展示了自己的职业生涯规划，异彩纷呈，特别是职业角色情景模拟环节，选手们结合专业特点，取材职业生活中的闪光点，致敬抗疫一线和临床工作的医务人员。虽然没有同学现场观摩，选手投入的演绎还是引得现场评委和老师们掌声阵阵。

学校非常注重职业生涯规划教育，历年的职业生涯规划比赛也是对就业创业指导和职业生涯规划教育教学工作的检阅，通过职业生涯规划教育，传播和普及职业规划理念，帮助学生树立正确的世界观、人生观和职业价值观，以科学的态度规划自己的职业生涯，建立完整、合理的职业发展计划，进而激发学生的学习热情和学习动力，培养良好的就业意识。

活动设计

职业生涯规划设计

最简单的职业生涯规划方法，是归零思考的方法。该方法是依次问自己以下四个问题：

（1）我是谁?

（2）我想干什么?

（3）我能干什么?

（4）环境支持或允许我做什么?

回答了这四个问题，找到它们的最高共同点，就有了自己的职业生涯规划。

现在，取出四张白纸、一支铅笔、一块橡皮，在每张纸的最上边分别写上四个问题。然后，静下心来，排除干扰，按照顺序，独立地仔细思考每一个问题。

对于第一个问题“我是谁?”回答的要点是：面对自己，真实地写出想到的每个答案，写完了再想想有没有遗漏，认为确实没有了，按重要性进行排序。

我是谁?

我的性格是：________________。

我的能力是：________________。

我的理想是：________________。

我的未来是：________________。

别人认为我是：________________。

对于第二个问题“我想干什么?”可将思绪回溯到孩童时代，从人生初次萌生第一个想干什么的念头开始，然后随年龄的增长再进行认真的排序。

我想干什么?

我小时候想干的工作是：________________。

我中学时想干的工作是：________________。

我现在想干的工作是：________________。

我的父母希望我干的工作是：________________。

我一定要干的工作是：________________。

第三个问题“我能干什么?”则是对自己能力与潜力的全面总结，一个人职业的定位最根本的还要归结于他的能力，而职业发展空间的大小则取决于自己的潜力。对于一个人潜力的了解应该从以下几个方面着手去认识，如对事的兴趣、做事的韧性、临事的判断力以及知识结构是否全面、是否及时更新等。

我能干什么?

我小时候曾干成的事情是：________________。

我中学时曾干成的事情是：________________。

我大学时曾干成的事情是：________________。

我认为我能干成的还有：________________。

别人认为我能干成的事情是：________________。

对第四个问题“环境支持或允许我做什么?”的回答则要稍做分析：环境，有本学校、本城市、本省，自小向大，只要认为自己有可能借助的环境，都应在考虑范围之内，在这些环境中，认真想想自己可能获得什么支持和允许，弄明白后一一写下来，再以重要性排列，环境支持或允许我做什么？

我所在的寝室支持或允许我做的是：________________。

我所在的班级支持或允许我做的是：________________。

我所在的学校支持或允许我做的是：________________。

我所在的城市支持或允许我做的是：________________。

把四张纸一字排开，然后认真比较第一至第四张纸上的答案，将内容相同或相近的答案用一条横线连起来，会得到几条连线，而不与其他连线相交的又处于最上面的线，可能就是你最应该去做的事情，你的职业生涯可以试着以此为方向。

第二节　职业个性　规范自我

一、职业兴趣

职业个性是个人对职业环境中的人、事、物的喜好程度以及与职业有关的活动主动接触参与的积极心理倾向。职业个性在人的职业活动中起着重要作用，如果个人的职业个性特点与职业环境所要求的职业类型相匹配的话，便可以促进人的职业定向和职业选择，增强人的职业适应性和稳定性。例如，有的人对待工作总是一丝不苟，踏实认真；在待人处事中，总是表现出高度的原则性，以及果断、活泼、负责；在对待自己的态度上，总是表现为谦虚、自信、严于律己等，所有这些特征的总和就是他的职业个性。

职业兴趣

在职业心理中，个性影响着一个人对职业的适应性，一定的个性适于从事一定职业；同时，不同职业对人有不同的性格要求。因此，不仅要考虑自己的职业兴趣，还要考虑自己的职业性格特点。“人贵有自知之明”，只有从自身出发，从自己所受的教育、自己的能力倾向、自己的个性特征、身体健康状况出发，才能够准确定位，瞄准适合自己的岗位去不懈努力。大家选择职业要考虑自己的性格特征，尽量选择适合自己性格的工作，因为每一种工作都对从业者的性格有特定的要求。如果自己有意从事某一类型的工作，也要有目的地培育相应的性格特点。内在素质如学识、心理、道德、能力等；外在形象如外貌、风度、举止、谈吐等。

兴趣是爱好的推动者，爱好是兴趣的实行者，只有一个人的兴趣、爱好相辅相成，才能相得益彰。一个人的优势、特长得到发挥，有利于实现人生价值的最大化。因此，一个人选择职业时要从自己的兴趣爱好出发，因为有些职业需要某种兴趣爱好，有些职业明确禁止和反对某种兴趣爱好。要能认识到自己的人生价值主要在于对社会的贡献，个人的成长与进步离不开集体。没有一成不变的事物，我们要用发展的眼光看待自己，俗语说："士别三日，当刮目相看"。通过努力，我们会不断地完善自己。

（一）职业兴趣的含义

职业兴趣是一个人探究某种职业或者从事某种职业活动所表现出来的特殊个性倾向，它使个人对某种职业给予优先的注意，并具有向往的情感。了解自己的职业兴趣，培养自己的职业兴趣将会影响到以后自己对工作投入的多少和能否取得成功。

（二）职业兴趣在职业活动中的作用

1. 影响职业定向和职业选择

在选择职业的过程中，人们会考虑自己对某种工作是否感兴趣，并将兴趣作为职业选择的参考之一。兴趣的发展一般要经历三个阶段，从有趣开始，逐渐产生乐趣，并不断与奋斗目标相结合，发展成为志趣，从而表现出方向性和意志性的特点。如果人对某一职业产生了浓厚的兴趣，就会热爱、关注、追求这个职业，并为之尽心竭力。

在现实生活中，人们固然可以凭自己的兴趣寻找自己喜欢的职业，但也可能由于自己的兴趣有限或种种主客观因素，以致所选的职业未能如愿。如果遇到这种情况，那也可以通过多种途径和方法，努力去发展和培养对所选职业的兴趣，形成创造优秀业绩的内在动力。

2. 促进智力开发，挖掘潜能

一个人对于某一事物具有较为浓厚的兴趣，就会激发他对寻求该事物相关知识的欲望以及探索热情，并促使他调动全身心的积极性，以饱满的热情投入到学习和工作之中。这时他的智力和体力都能够进入最佳状态，从而最大限度地调动主观能动性和创造性，发挥自身潜能，施展才华，并在此基础上促进个人乃至社会的进步和发展。

3. 提高工作效率

职业兴趣可以使人更快地熟悉并适应职业环境和职业角色。有关研究资料表明，如果一个人对某一工作有兴趣，他便能发挥其全部才能的80%～90%，并且能够长时间、高效率地工作而不感到疲劳；相反，如果一个人对所从事的工作不感兴趣，他在工作中只能发挥其全部才能的20%～30%，并容易产生疲劳和厌倦。另外，广泛的兴趣能够使人们善于应付多变的环境，即使工作性质有所变化，也能够使他们很快地熟悉和适应新的工作环境。

（三）职业对从业者兴趣的要求

1. 兴趣类型的特点与相应的职业

兴趣类型的特点与相应的职业见表 4–2。

表 4–2　兴趣类型的特点与相应的职业

编号	职业兴趣	相应的职业
兴趣类型 1	愿与事物打交道	喜欢同工具、器具或数字等事物打交道，而不喜欢与人和动物打交道。相应的职业诸如制图员、修理工、裁缝、木匠、建筑工、出纳员、记账员、会计等
兴趣类型 2	愿与人接触	喜欢销售、采访、传递信息一类的活动。相应的职业诸如记者、营业员、服务员、推销员等
兴趣类型 3	愿做有规律的工作	喜欢在预告安排的程序下做细致的工作。相应的职业诸如邮件分类员。图书管理员、办公室职员、档案管理员、打字员、统计员等
兴趣类型 4	愿从事社会福利和助人工作	这些人乐意帮助别人，他们试图改善他人的状况，喜欢独自与人接触。相应的职业诸如医生、律师、护士、咨询人等
兴趣类型 5	愿做管理和组织工作	喜欢管理人员的工作，爱好掌管一些事情，他们在企事业单位中起重要的作用。相应的职业诸如辅导员、行政人员、管理人员等
兴趣类型 6	愿研究人的行为	喜欢谈论涉及人的主题，他们爱研究人的行为举止和心理状态。相应的专业有心理学、政治学、人类学等
兴趣类型 7	愿从事科学技术事业	喜欢分析的、推理的、测试的活动，长于理论分析；喜欢独立地解决问题，也喜欢通过实验做出新发现。相应的专业诸如生物学、化学、工程学、物理学等
兴趣类型 8	愿从事抽象和创造性的工作	喜欢需要有想象力和创造力的工作，爱创造新的式样和概念。相应的职业诸如演员、创作人员、设计人员、画家等
兴趣类型 9	愿做操纵机器的技术工作	喜欢运用一定的技术操纵各种机械，制造产品或完成其他任务。相应的职业诸如机床工、驾驶员、飞行员等
兴趣类型 10	愿从事具体的工作	喜欢制作能看得见、摸得着的产品，希望很快看到自己的劳动成果，他们从完成的产品中得到自我满足。相应的职业诸如厨师、园林工、理发师、美容师、室内装饰工、农民、工人等

2. 所学专业相关职业群对职业兴趣的要求

在目前的学校生活中，有的同学可能正在学习财务会计专业，有的同学可能正在学习美术、装潢设计专业等。不论什么专业，相关职业群都会对他们的职业兴趣有不同的要求。为了将来更好地从事本专业的工作，从现在开始，了解和培养相关职业群对从业者所要求的职业兴趣，是很有必要的。我们选择财务会计专业对从业者职业兴趣的要求（表 4–3），供大家在收集整理自己所学专业对应职业群的兴趣要求时参考。

表 4–3 财务会计专业对从业者职业兴趣的要求

序号	对从业者职业兴趣的要求
一	1. 觉得通过买卖赚钱或通过将钱存入银行生息很有意思 2. 常能发现别人组织活动的不足，并提出建议促其改进 3. 有信心说服别人接受自己的观点 4. 心算能力强，对一大堆数字有兴趣 5. 在学校做过学生干部，并干得不错 6. 事先仔细考虑某件事的利弊得失 7. 会在别人与你理论时换一个角度思考，并发现其中的漏洞 8. 相信自己做个体户也会成功
二	1. 能够用 1 ～ 2 个小时抄写一份不感兴趣的材料 2. 能按领导和老师的要求尽力做好每一件事 3. 饶有兴趣并认真地填写表格 4. 如果在讨论时，许多人的观点与你不同，你就不发表自己的观点 5. 喜欢向周围同事学习、请教 6. 喜欢重复别人已经做过的事，而不喜欢自己探索新问题 7. 喜欢已经习惯了的工作和责任小一些的工作 8. 觉得由于自己的工作使所从事的事业日复一日地运转很有意思
三	1. 喜欢主动给朋友打电话或写信 2. 能够写出 5 个你自认为够朋友的人 3. 愿意参加学校组织的各项活动 4. 遇到有困难的人愿意帮助并表示同情安慰 5. 喜欢去新的场所结交新的朋友 6. 常会由于各种原因原谅、同情、甚至帮助一些令人讨厌的人 7. 会积极参加一些无报酬但有意义的活动 8. 为了让人产生良好的印象而十分注意自己的仪表风度

（四）培养职业兴趣的途径和方法

在职业准备阶段，青年学生会从老师那里学习专业知识和技能，在老师的引导下了解所学专业对应的职业群，以及在学校安排的丰富多彩的活动中培养职业兴趣。职业准备阶段是职业适应初期阶段，在这一阶段，喜欢自己所学专业且专业适应能力强的学生，能够较快地进入专业角色，并通过专业兴趣的获得逐渐形成较为成熟的职业兴趣。相反，如果不主动全面、深入地了解所学专业对应的职业群，不注意培养职业兴趣，不但难以珍惜在校生活，而且也不会在将来的职业生涯中顺利发展。人们的职业兴趣总是以社会的职业需要为基础，并在一定的学习与教育条件下形成和发展起来的，是可以培养的。在职业兴趣的培养过程中，有家庭的潜移默化，有自己的耳濡目染，有教育的整体引导，也有社会实践活动的促进推动。虽然人们的职业兴趣一经形成，具有一定的稳定性，但根据实际需要，可以通过多种途径和自身的努力去改变和发展。在培养职业兴趣的过程中，要注意以下几点：

1. 培养广泛兴趣

具有广泛兴趣的人不仅对自己职业领域中的事物有浓厚的兴趣，而且对其他方面的事物也存在一定的兴趣。这种人眼界比较开阔，解决问题时能够从多方面得到启发，在职业选择和变动上也有较大的余地，所受到的限制较少，在职业发生变动时能够较快地适应新的职业。例如，齐白石早年曾为木匠，后来结交文人，学习绘画、诗文、篆刻、书法，终成一位书画大师。

2. 形成中心兴趣

人的兴趣应该广泛，但不能浮泛，还应有一定的集中爱好。既广且精，才能学有所长，获得专门的职业知识。如果只有广泛兴趣而无中心职业兴趣，人的知识就会肤浅，就没有确定的职业方向，心猿意马，自然难以成功。所以，要培养自己在某一方面的中心兴趣，促使自己发展和成才。

3. 保持稳定的职业兴趣

一个人应该在某一方面具有持久和稳定的职业兴趣，而不能朝三暮四、见异思迁。培养和形成稳定的职业兴趣，能够使人以高昂的热情和饱满的精力投入到职业工作之中，使人们专注于自己的本职工作，深入钻研，极大地发挥自己的潜能，并使自己得到发展和获得成功。

4. 培养切实的职业兴趣

在现实生活中，人们经常把“人贵有自知之明”这句古训挂在嘴边，希望大家全面地了解自己，摆正自己在学习和生活中的位置。在培养职业兴趣的过程中，人也应该有自知之明，对自己的认识和评价一定要客观，既要考虑社会环境因素，也要切合自己的实际，这样，才能知己知彼，量力而为。切不可追求时髦或自视清高，忽视外界所能提供的客观现实条件。

如果在培养自己的职业兴趣时不切实际，好高骛远，那只能求职无门或望“职”兴叹了。

知识拓展

影响职业兴趣形成的因素

人们职业兴趣的形成，主要受以下几方面影响：

1．家庭、学校、社会的影响

家庭职业环境对职业兴趣的影响具有特殊的意义。由于会受到家庭职业环境的影响。家庭中父母亲友所从事的职业和他们对职业的兴趣，会形成其对职业的最初认识，并可能由此培养起学生对某些职业的兴趣。父母的职业观念和行为作为子女学习的榜样，对子女职业兴趣的形成起到了潜移默化的作用。

学校不同于家庭，学校教育是有目的、有计划、有组织的教育，它通过一定的步骤将社会规范、价值观以及人类积累下来的知识和技能传授给学生，从而培养学生的职业兴趣。其中，教师的作用尤为突出，一位有威信的教师能够使学生乐于接受他所传授的职业知识和职业经验。教师在教学中，有目的地向学生介绍一些社会职业，能够增加学生对某些职业的认识，培养他们对一些职业的兴趣。此外，教师对学生未来职业的期待和对学生未来从业的要求也会对学生形成职业兴趣产生积极的作用。

社会上各种职业对人们的影响是多渠道、多方位、多角度的。随着人们与社会接触的不断深入，对社会职业的认识也会不断加深。学校的学生虽然还没有正式工作，但在与社会的接触中已对职业有了一定的认识，并同时会对一些职业产生兴趣。社会还会提供人们所感兴趣的职业的丰富信息和知识载体，同时能够强化人们对所喜欢职业的认知，使人们的职业兴趣进一步得到激发。在社会影响中，大众传媒对青年人职业兴趣形成的作用尤为突出，如书籍、报刊、影视、网络等媒体向青年人实施的职业影响，有助于职业兴趣的形成。

2．职业认知的影响

从职业角度看，人的一生可以分为以下七个时期：

①职业萌芽期。

即学龄前期，这一时期儿童主要在家庭中度过，主要受父母和亲友的影响。

②职业准备期。

一进入学校，学生就开始为今后的就业做准备，每个阶段的学校生活都在为他们以后的事业、生活奠定基础。

③职业选择期。

这是人人都必须面临的选择，有人早一些，有人晚一些。

④就业初期。

即职业适应期。

⑤就业中期。

即职业稳定期。

⑥就业后期。

即职业能力衰退期。

⑦职业结束期。

即从工作岗位上退下来的过程。

在以上任何一个职业时期，人们对职业的认知都会影响到他们的职业兴趣。当然，一个人在不同的职业阶段其职业认知能力、职业认知水平、职业认知的广度和深度有所不同，在同一个职业时期，人们在以上几方面也存在差异，使他们对职业的兴趣也不同。一个人职业认知能力的发展与其对职业知识的掌握存在密切的关系，而一个人职业认知水平的高低又与其职业兴趣的形成关系密切。一个人对其所喜欢的职业认知越全面，他对该职业的兴趣就越大；一个人对其所喜欢的职业认知越深刻，他对该职业的兴趣就越强。同样，人们对某个职业的兴趣越大、越强，就会愈加全面和深刻地认知这一职业。所以，培养和形成对自己感兴趣的职业的认知，并通过职业认知去提高自己对一些职业的兴趣是十分重要的。

3．专业学习和社会实践活动的影响

京剧中有一句唱词，“不入园林，怎知春色如许”。的确，只有进入到学校专业的学习过程以及社会实践活动中，特别是假期实习或毕业实习以后，才会体会到自己对所喜欢的职业的兴趣得到了进一步的深化。在现实生活中，有不少人接触某一职业前，并不喜欢这种职业，当通过亲身的职业实践真正了解这个职业以后，形成了浓厚职业兴趣，才能在原来不感兴趣的岗位一展才华。

二、职业性格

（一）职业性格的含义

性格是一个人在对待客观事物和社会行为方式中所表现出来的比较稳定的个性心理特征。人们在给他人做鉴定的时候会使用“正直”“诚恳”“豪爽”等词汇去肯定他们，也会在评论他人的时候使用“懦弱”“粗暴”等词汇去否定他们。其实，这些词汇反映的是被评价者的性格特征。每一个人都有这样或那样的一些性格特征，其中有的是积极的，有的是消极的。这些性格特征结合在一起，构成一个整体，就是一个人的性格。人的性格并不是他个性的全部，但却表现了一个人的社会性及其精神面貌的主要方面。

职业性格是指人们在长期特定的职业生活中所形成的与职业相联系的比较稳定的心理特征。

职业性格

（二）职业对从业者性格的要求

1. 不同的职业需要不同的职业性格

《三国演义》中有一个“三顾茅庐”的故事。当时曹操称霸天下，刘备兵弱将寡，为纳贤求能，刘备带关羽、张飞亲上卧龙岗，三顾茅庐请诸葛亮出山。前两次因诸葛亮出门使三人碰壁，张飞窝火，牢骚满腹。第三次再赴隆中请诸葛亮，却见其正在草堂午睡，刘备便在一旁耐心等候。张飞急得火冒三丈，想到屋后放火烧醒诸葛亮，幸被关羽拉住，才没坏了刘备的大事。可见，张飞是一个性格十分暴烈的人，这种性格使他在打仗时冲锋陷阵，不畏生死。他为蜀国建国立下了汗马功劳，堪称猛将。

我国的湘绣举世闻名，堪称世界一绝。那些精美的刺绣工艺品都出自心灵手巧的绣花女之手，是她们一针一线地悉心完成的。

如果我们将张飞和绣花女调换一下，让张飞去捏针绣花，让绣花女去持矛打仗，那么，张飞定会气炸肺，捻碎手中针；而去打仗的绣花女也难免吃亏。

如前所述，职业是社会分工的产物。严格意义上来说，在众多的社会职业中，每一种职业都需要从业者具备相应的职业性格。各种职业的工作性质、社会责任、工作内容、工作方式、服务对象和服务手段不同，决定了它们对从业者的性格有不同要求。所以，认识不同职业对从业者有不同的性格要求，按照职业对从业者的性格要求培养自己的职业性格，对未来就业以及对职业工作的适应，具有十分重要的作用。

2. 所学专业相关职业群对职业性格的要求

根据职业学校的专业类别，结合 9 种职业性格，把部分职业群所需要的职业性格类型列成表格，见表 4–4 所示。

表 4–4 部分职业群所需要的职业性格类型表

序号	职业群	所需要的职业性格类型
1	农业技术人员	独立型，变化型，机智型
2	林业技术人员	变化型，独立型，机智型
3	畜牧业劳动者	重复型，独立型，机智型
4	水产捕捞者	独立型，变化型，协作型
5	采煤工人	变化型，协作型，严谨型
6	服装设计人员	变化型，独立型，严谨型
7	印刷工人	重复型，服从型，协作型
8	工艺美术设计人员	变化型，独立型，自我表现型
9	商业经营管理人员	变化型，独立型，劝服型
10	销售员	重复型，独立型，协作型

序号	职业群	所需要的职业性格类型
11	园林绿化工作者	重复型，独立型，协作型
12	保育员	变化型，劝服型，机智型
13	导游	变化型，独立型，自我表现型
14	会计、审计、统计人员	严谨型，重复型，服从型
15	保险公司工作人员	劝服型，独立型，严谨型
16	护士	变化型，独立型，协作型
17	美容美发人员	变化型，独立型，协作型
18	运动员	变化型，机智型，自我表现型
19	演员	自我表现型，协作型，服从型
20	图书管理员	重复型，独立型，严谨型
21	幼儿园教师	变化型，劝服型，协作型
22	计算机服务人员	重复型，服从型，严谨型
23	秘书	服从型，协作型，变化型
24	警察	机智型，独立型，变化型
25	解放军指战员	服从型，机智型，协作型

3. 职业性格的形成

人的性格的形成受后天生活、学习和工作环境的影响较大，职业性格的形成更是如此。在职业实践中，除了要求个人具有一定的性格特征外，职业活动也会使人巩固或改变原有的性格特征，并形成许多适应职业要求的新的职业性格特征。

性格是相对稳定的，又是可以调适和完善的，所以要了解职业性格的特点，并在生活、学习、实践以及未来的工作中不断调适和完善自己的性格，使其更符合职业要求，才能使自己成为一个合格的从业者。职业性格反映了一个人的生活和工作历史，它是人在与周围环境的相互作用过程中逐渐形成的。

（三）职业性格培养的途径和方法

从业者的职业性格是逐渐形成和发展的，处于青年时期的学校的学生正处于调适个人性格，以适应职业要求的重要时期。

1. 树立正确的职业观

人的职业观对职业性格的形成具有决定性作用。如果一个人对某个职业有所向往和追求，他就会主动了解这个职业对从业者的性格以及其他方面的要求，并且努力控制自己，自觉地调适自己的性格，使其与职业要求相一致。每个人都有自己的性格特征，其中有些与职业要求相符，有些可能与职业要求不一致，这是十分正常的现象。人们通过职业既为社会承担一定的义务和责任，又以此展现自己的社会价值，同时也取得相应的报酬。能适应职业要求的人，谋求职业岗位的机会和成功的机会就多，而恪守自己原有性格特征的人则难于在社会上生存，更难得到发展。一个人一生中会有很多次变换职业的机会，而每一个岗位对从业者的性格特征都有特定的要求，因此，每一次变动既给从业者带来选择自己理想职业的机遇，也对从业者提出了重新调适、完善自己性格特点的要求。只要真正领会了职业内涵的真谛，就会知道在人的一生中，必须不断调适、完善自己的性格，才能实现自己的职业理想，才能体现自己的人生价值。

所以，学生必须树立正确的职业观，才会有足够的动力去自觉地发扬、巩固那些与职业要求相符的性格特征，同时也会自觉地调适、完善那些与职业要求不一致的性格特征，最终使自己的性格特征与职业要求达到高度的统一。

2. 学习榜样，陶冶性情

在性格培养方面的榜样有两类可以借鉴：一类是从事所学专业对应职业群的成功者，要了解他们具有哪些与职业要求相符的性格特点；另一类是原有性格与现在从事职业不相符的成功者，要了解他们调适和完善自己性格的动力所在，以及调适的方法和措施。

有了这两类榜样，陶冶性情就既有目标，又有方法了。

这些榜样就在身边，如父母、亲友、早期毕业的校友等。

3. 严格要求，提高素养

性格是比较稳定的心理特征，想一蹴而就地改变自己原有的性格是不可能的，需要有一个过程。以所学专业对应职业群对从业者的要求为目标，采取措施，严格要求自己，是逐步提高自身素养的必经过程。

4. 积极实践，加强磨炼

良好的职业性格的形成离不开积极的职业实践活动。学校的学生应该在专业课的学习中，在校园中以及社会实践中，抓住一切可以利用的机会，去了解所学专业，了解所学专业相关职业群对从业者职业性格的要求，不断调适和完善自己的职业性格，提高对所学专业的适应能力，为将来走上工作岗位做好充分的准备。

职业能力

三、职业能力

（一）职业能力的含义

1. 能力

能力是直接影响人们活动效率，保证人们顺利完成某种活动所必需的个性心理特征。能力是与人的活动密切相关的，一方面，人的能力在活动中形成、发展并且在活动中表现出来，如学习能力、认识能力、组织能力等；另一方面，具有某些能力就能够顺利完成某些活动，能力的强弱决定活动效率的高低，所以，从事某种活动又必须以一定的能力为前提。将能力以不同标准进行分类，一般可分为一般能力和特殊能力，模仿能力和创造能力，优势能力和非优势能力等。

2. 职业能力

职业能力是在学习活动和职业活动中发展起来的，直接影响职业活动效率、使职业活动得以顺利完成的个性心理特征。职业能力表现在相应的职业活动中，从事同一职业的人们，在其他条件相同的情况下，如果其职业兴趣、职业性格不同，会使他们的职业能力形成差异。职业能力以不同标准进行分类也可以分为许多种。

（1）一般职业能力。

案例

在一家大公司的职位招聘中，有七位青年进入到最后一轮“终试”，一起竞争总经理办公室主任的职位。为此，公司人事部专门安排了一次“实验室观察”实验：在实验室（墙上有单向玻璃，可从隔壁观察室看到实验室内的情景）中事先布置了普通的工作环境，并将七位应聘者同时安排在其中，告诉他们在室内等候并可自己取水饮用。

期间，办公桌上的电话三次响起（实验者安排），两次问事，一次找人，应聘者之一的陈小姐均主动拿起电话，开口便说“你好”，结束时不忘说“再见”。她礼貌、客气地向来电者解释，并出来为来电者找人。实验者又安排一人进入房间，坐在一旁，陈小姐主动起身为他倒了一杯水。

在陈小姐转身回到自己的座位还未坐定的时候，隔壁观察室内的总经理便做出了最后的选择：“就是她！”

从陈小姐应聘成功的过程中能够看到，她在整个过程中并没有什么特别惊人的表现，她所做的事情，是其他六位应聘者都能够做到的。但是，就因为她这些既简单又普通的行为，使她成为最终的成功者。所以，人们必须重视一般职业能力，只有这样，才不会失去任何一次可能的择业机会。

一般职业能力又称普通职业能力，是指人们从事不同职业活动所必需的共有职业能力，包括观察力、记忆力、想象力、注意力和思维能力等。这些能力是每个人都具有的基础能力，与个人的认识活动相关。由于个人的知识、经验以及认识活动存在差异，所以，他们所表现出的行为特征有所不同。一般职业能力通常表现为语文能力、数学能力、表达能力、交往与合作能力、自我控制能力、适应变化能力、自我反省能力、抗挫折能力、收集处理信息能力、审美能力、创新能力等。

（2）特殊职业能力。

特殊职业能力又称专门职业能力，是指从事某一特定职业所必须具备的特殊的或较强的能力。

成龙是人们十分熟悉的著名电影演员。他高超的武艺和娴熟的演技为广大观众所称道，特别是他在拍电影时遇到许多高难度、危险动作不用替身而由自己亲自表演的行为更是令人钦佩不已。显然，成龙具备了影视表演职业所应该具备的能力，并且已经达到了相当高的水平。

一般职业能力是特殊职业能力的基础，特殊职业能力又会促进一般职业能力的提高，只有在两者的共同作用下，才能使职业活动得以顺利进行。

每个人的职业能力都存在个性差异，表现在类型、发展水平和发展速度三个方面。首先，是类型的差异，即个人所具有的职业能力的类型各不相同，如有的人运算能力高超，有的人艺术想象力丰富，还有的人擅长分析等。其次，对于具有同一种职业能力的个人来说，其职业能力的发展水平也不一样，有高低强弱之分。职业能力的这种差异表现在人们的工作效率和成就水平上。例如，同样具有运算核计能力的两位会计人员，一位只能做到几天不出差错，而另一位能够在几个月甚至几年内不出差错。最后，即使同一种能力的同一种发展水平，不同的人要达到这一水平，其发展速度也不同，获得成就的早晚也不同。例如，牛顿 20 多岁就发现了万有引力，齐白石则大器晚成。

（二）职业对从业者能力的要求

1. 不同的职业需要不同的职业能力

人们常说，人人都会唱歌，但能当音乐家的却是少数。各种职业的工作性质、社会责任、工作内容、工作方式、服务对象和服务手段不同，决定了它们对从业者能力有不同要求。运动健将、会计师、律师、服装模特都会做饭，但要让他们当一名合格的厨师，肯定还有差距。这是因为，社会上所有不同职业都存在一定的差异，而不同的职业为了保证该职业工作的顺利完成，便一定会要求从业者必须具备该职业所需要的职业能力。各种职业能力类型的特点及其对从业者的要求见表 4–5 所示。

表 4–5　各种职业能力类型的特点及其对从业者的要求

职业能力类型	职业能力特点	对从业者的要求
一般学习能力	又称为智力。它是指人认识、理解客观事物并运用知识、经验等解决问题的能力。包括记忆能力、观察能力、注意能力、想象能力、思维能力。其核心是逻辑思维能力	一般学习能力是人在学习、工作、日常生产中必须具备、广泛使用的能力。职业或专业的水平越高，对人的一般学习能力的要求亦越高。例如，要当好一名医生，必须具有较高的智力水平；当一名护士，则只需要中等智力水平；而当一名护理员，智力水平稍低的人亦能胜任

职业能力类型	职业能力特点	对从业者的要求
言语能力	是指对词及其含义的理解能力和使用能力，对词、句子、段落、篇章的理解能力，以及善于清楚而正确地表达自己的观念和向别人介绍信息的能力。包括语言文字的理解能力、口头表达能力	不同的职业对人的言语能力要求不同。要想胜任教师、营业员、服务员、护士等职业，必须具备较强的言语能力；机床工、机械师、良种培育者、农民、纺织工等人员，则不一定需要较强的言语能力
算术能力	是指迅速而准确的运算能力	会计、出纳、统计、建筑师、工业药剂师等职业，必须具有较强的算术能力；法官、律师、历史学研究者、护士、X光技师等职业，要求从业者具备中等水平的计算能力；演员、话务员、招待员、厨师、理发员、导游、矿工、石匠、渔民等职业，则对从业者的计算能力要求较低
空间判断能力	指能看懂几何图形，对立体图形的三个面的理解能力，识别物体在空间运动中的联系，解决几何问题。如果在中学时爱好平面几何和立体几何，并且学得较好，往往空间判断能力较强	与图纸、工程、建筑等打交道的工作以及牙科医生、内外科医生等职业，对从业者的空间判断能力要求很高；裁缝、电工、木工、无线电修理工、机床工，也要求从业者具有一般的空间判断力；律师、公证人、政治学研究者、哲学研究者、经济学研究者、会计、出纳、营业员、服务员、秘书、译员等职业，对从业者的空间判断能力要求较低
形态知觉能力	指对物体或图形的有关细节具有正确的知觉能力，能对图形的明暗、线的宽度和长度做出视觉的区别和比较，看出细微的差异	生物学家、建筑师、测量员、制图员、农业技术员、医生、兽医、药剂师、配镜师、画家、理发员、无线电修理工，需要较强的形态知觉能力；法官、哲学学者、教师、护理员、护士、营养学家、演员、X光技师，要求具有中等的形态知觉能力；历史学家、政治学家、社会服务工作人员、招待员、售货员、办公室职员，对从业者的形态知觉能力要求较低
职员能力	指对言语或表格的材料具有知觉细节的能力，发现错字和正确地校对数字的能力	统计员、经济学家、记账员、出纳员、办公室职员、打字员等从业者，必须具备一定的职业能力；机床操作工、电工、木工、裁缝、演员、运动员等，则不一定需要这种能力
眼—手协调	指眼、手迅速、准确和协调地做出的动作和运动反应	对驾驶员、飞行员、牙科医生、外科医生、雕刻家、运动员、舞蹈家来说，这种能力显得重要；对于社会科学研究者和社会工作者来说，对这种能力则要求较低

职业能力类型	职业能力特点	对从业者的要求
手指灵活	指手指迅速、准确地活动和操作小的物体	纺织工、打字员、裁缝、外科医生、五官科医生、护士、雕刻家、画家等，手指必须灵活；政治家、哲学家、法官、律师、作者、农民、门卫等则不一定要求手指灵活
手的灵巧	指手指灵巧而迅速活动的能力	活动；教师、电台播音员、翻译、心理学家、教育家等，对体育运动员、舞蹈家、画家、兽医等，手必须能灵巧地这种能力则没有严格要求

2. 职业能力的形成

对于每一个人来说，其职业能力的形成都会经历从无到有、从弱到强的过程。学校的学生应该根据自己择业目标的要求，有意识、有计划地提高自身的职业能力。

（1）通过自身努力在职业实践中提高职业能力。

职业能力是在长期的职业实践中逐渐形成的，通过自身努力是可以不断提高的，流自己的汗，吃自己的饭，自己的事情自己干，求人、求天、求祖上，不算是好汉。“盛年不重来，一日难再晨。及时当勉励，岁月不待人。”

一方面在实践中要有意识地积累经验并予以升华，以指导自己的职业活动；另一方面，虚心向前辈学习，在职业能力的提高方面可以产生事半功倍之效。

（2）珍惜在校生活，自觉提高职业能力。

努力学习文化专业知识、增强科技意识、加强专业技能训练是提高职业能力的有效途径。

学习文化专业知识的过程是提高职业能力的基础。一般职业能力和特殊职业能力的形成，渗透于文化课和专业课的学习过程中。在学习过程中，不能只有学知识的意识，而缺乏提高能力的意识，不但要“学会”，而且要“会学”。

科技意识是现代劳动者必备的意识，随着社会经济的发展，职业能力中的科技含量不断增加，作为学生应该树立较强的科技意识，这样，才能使自己的职业能力符合时代的要求。

能力是在实践中形成的，专业技能训练不仅有利于特殊职业能力的强化，也有利于一般职业能力的形成。

（3）挖掘潜能，强化职业能力。

潜能的一般意义是指存在于身心深处，未被自己或他人觉察，也未得到开发和利用的潜在能力。每个人都蕴藏有不等的潜能，如果有意识地提高和拓宽自己的职业兴趣，加强自信心，去尝试一些未曾做过的，但有益于专业发展的事情，就有可能挖掘出自身的潜能。挖掘出自身的潜能不但有利于拓宽自己的职业适应范围，也是使职业生涯持续发展的重要因素之一。所以，每一个人都要重视挖掘自身的潜能，一旦发现自己可能具备某种潜能，就一定要有意识地去培养、锻炼和提高这种能力，使之转化为自己职业能力的组成部分。在挖掘自身潜能的同时，也要实事求是，千万不能把自己某种美好的愿望或幻想误以为是潜能。如果真的走进这样的误区，那也不可怕，只要虚心地听取别人的劝告，便会及时走出困境。

素养训练

1. 活动设置

制定五年个人目标

（1）讲台前面摆放着六个梦想篮，请每位同学将自己写好的职业规划投递到对应的梦想篮中。

（2）教师稍后会从每个梦想篮中抽一名同学宣读自己的职业规划，时间为 3 分钟，然后同学进行点评，并请同一梦想篮中的同学提建议完善补充。

（3）回顾职业成功者张翔老师的故事。通过这个过程学生可以发现其实职业人的成长是立体的，而职业人能力的积累是从现在在校期间就可以储备的。

2. 能力提升

（1）你现在为未来准备了什么？

____

____

（2）现在的你与未来的你有什么差距？

____

____

第五章
职业行为　塑造完美

学习目标

◆ 熟悉礼仪的概念与分类；
◆ 理解礼仪的作用；
◆ 认知团队合作的原则；
◆ 掌握培养提升团队精神的途径。

思政目标

能够准确定位自己在团队中的角色，有意识地树立自身职业形象和培养自身的团队精神。

案例导入

一个考察团到某企业考察投资事宜，这个企业领导高度重视，亲自挑选了庆典公司的几位模特作为接待人员。考察团到达的当天，这些模特穿着紧身上衣、黑色皮裙接待了考察团成员。这令考察团成员面露不悦，但他们并未表达不满。可是，考察活动座谈会仅仅进行了一个小时，考察团的很多投资商就陆陆续续找借口走了。企业的工作人员被搞得一头雾水。

这个企业的老板非常着急，赶忙找投资商沟通。原来，通过接待人员的服饰着装，这些投资商认为该企业的管理制度极不完善，完全没有合作的必要。具体来说，就是因为该企业接待人员穿着紧身上衣、黑色皮裙开展接待工作，显得极不庄重，在服饰着装上犯了大忌。

【思考】

职场上的仪容要求有哪些？如何自觉整理自己的仪容？

第一节　知书明礼　优雅自信

一、礼仪的概述

（一）礼仪的概念

礼仪就是律己、敬人的一种行为规范，是表现对他人尊重和理解的过程和手段。礼仪的“礼”字指的是尊重，即在人际交往中既要尊重自己，也要尊重别人。古人讲“礼者，敬人也”，实际上是一种待人接物的基本要求。礼仪的“仪”字顾名思义，指的是仪式，即尊重自己、尊重别人的表现形式。礼仪是尊重自己、尊重别人的表现形式。进而言之，礼仪其实就是交往艺术，就是待人接物之道。礼仪是指受历史传统、风俗习惯、宗教信仰、时代潮流等因素影响而形成的，既为人们所认同，又为人们所遵守的，以建立和谐关系为目的的各种符合交往要求的行为准则和规范的总和。礼仪是在社会生活中约定俗成的，指导、协调人际关系的行为和活动的总和。礼仪的表现形式有：礼节、礼貌、仪表、仪式、器物、服饰、标志、象征等。总而言之，礼仪就是人们在社会交往活动中应共同遵守的行为规范和准则。

礼仪是人类为维系社会正常生活而要求人们共同遵守的基本的道德规范，是人们在长期共同生活和相互交往中逐渐形成，并且以风俗、习惯和传统等方式固定下来的。对一个人来说，礼仪是一个人的思想道德水平、文化修养、交际能力的外在表现，对一个社会来说，礼仪是一个国家社会文明程度、道德风尚和生活习惯的反映。重视、开展礼仪教育已成为道德实践的一个重要内容。

礼仪教育的内容涵盖着社会生活的各个方面。从内容上看有仪容、举止、表情、服饰、谈吐、待人接物等；从对象上看有个人礼仪、公共场所礼仪、待客与做客礼仪、餐桌礼仪、馈赠礼仪等。人际交往过程中的行为规范称为礼节，礼仪在言语动作上的表现称为礼貌。加强礼仪建设，可以使人们在“敬人、自律、适度、真诚”的原则上进行人际交往，告别不文明的言行。

礼仪、礼节、礼貌的内容丰富多样，但有自身的规律性，其基本原则有：一是敬人的原则；二是自律的原则，就是在交往过程中要克己、慎重、积极主动、自觉自愿、礼貌待人、表里如一，常常进行自我对照、自我反省、自我要求、自我检点、自我约束，不能妄自尊大、口是心非；三是适度的原则，要适度得体、掌握分寸；四是真诚的原则，要诚心诚意、以诚待人。

（二）礼仪的分类

礼仪是待人接物的行为规范。现代礼仪分得很具体，不同的领域，不同的对象，有不同的讲究，一般而论，现代礼仪大概分成五个方面：

1. 政务礼仪

政务礼仪是国家机关工作人员、国家公务员在执行国家公务时所讲究的礼仪。

2. 商务礼仪

商务礼仪是公司企业从业人员在商务交往中所讲究的礼仪。在商务活动中，为了体现相互尊重，需要通过一些行为准则去约束人们在商务活动中的方方面面，这其中包括仪表礼仪，言谈举止，书信来往，电话沟通等技巧。

3. 服务礼仪

服务礼仪是服务行业从业人员工作中所讲究的礼仪。出于对客人的尊重与友好，在服务中要注重仪表、仪容、仪态和语言、操作的规范。

4. 社交礼仪

社交礼仪是在人际交往、社会交往和国际交往活动中所讲究的礼仪。通过社交，人们可以沟通心灵，建立深厚友谊，取得支持与帮助；通过社交，人们可以互通信息，共享资源，对取得事业成功大有获益。

5. 国际礼仪

国际礼仪是国际交往时所讲究的礼仪。

（三）礼仪的作用

1. 有助于提升个人素质

内强素质，外塑形象。如果从业者时时处处都能以礼待人，那么就会使自己显得很有修养。古人有这样的话："修身齐家治国平天下。"把修身放在首位。礼仪体现于细节，细节展示个人素质。

2. 方便交往应酬

一个举止大方、着装得体的人肯定会比举止粗俗、衣着不整的人更受人欢迎，也就更容易进行交往与应酬。著名传播学家布吉尼教授提出了三 A 原则：一是接受对方，Accept。接受对方要求我们尊重差异，容纳对方的缺点，谅解对方的一般过错。"水至清则无鱼，人至察则无徒"。清澈见底的水里面不会有鱼，过分挑剔的人也不会有朋友，无法接受对方，迟早会将人际关系推向崩溃的边缘。二是重视对方，Appreciate。重视对方首先表现在欣赏对方。怎么欣赏，例如与人交往要善于使用尊称。对有行政职务的人要称行政职务，即使对方是自己的老朋友，在正规的场合也要称其行政职务，因为对方是代表单位，有决策权。也可称技术职称，就高不就低，如张教授一般不说张副教授。重视对方还表现在记住对方，每个人都独一无二，名字不能说错。三是赞美对方，

Admire。赞美对方表现在发现别人的长处，恰到好处地赞美对方，即使对方是自己的好朋友，在大庭广众之下也要赞美他，即扬善于公庭，规过于私室。

二、做文明有礼的学生

案例

为深入学习党的十九大精神，进一步贯彻落实习近平总书记在全国高校思想政治教育工作会议上的重要讲话精神以及团省委“灯塔工程”思想引领行动，推进文明校园建设，提高学生思想道德素质，展现学生辩论风采，某学校举行了以“亮明灯燃青春 颂文明”为主题的“文明修身”辩论赛总决赛。

“文明修身”辩论赛分为初赛、半决赛和总决赛，历时近两个月，分别有10支代表队参加。此次“文明修身”系列活动以“灯塔工程”为指引，从3月份开始，内容包括自行车文明摆放与规范管理、“诚信友善”主题班会、海报设计、校园文明站岗、学雷锋做好事、文明骑行、辩论赛等活动，吸引了近8 000名同学参与，同学们对“文明修身”的认识都有了很大的提升。

活动还通过青年之声、班级微信群、微信公众号等新媒体进行了宣传，强化了同学们文明修养意识，提高了对学风建设、校园文明建设和自我素质提升等方面的认识，养成了良好的文明生活习惯。

礼仪是一个人乃至一个民族、一个国家文化修养和道德修养的外在表现形式，是做人的基本要求。中华民族自古以来就非常崇尚礼仪。孔夫子曾说过：“不学礼，无以立。”意思就是说一个人要有所成就，就必须从学礼开始。可见，礼仪教育对培养文明有礼、道德高尚的高素质人才有着十分重要的意义。但当今的学生中，部分人对应有的礼仪不重视，礼仪观念淡薄，导致思想品德滑坡，因此，深入开展礼仪教育，重塑中华民族“文明礼仪”的新形象，培养文明有礼的新一代优秀学生，是十分必要的。学生礼仪应从以下几个方面进行：

（一）学习礼仪，要以学会尊重他人为起点

礼仪本身就是尊重人的外在表现形式，“礼仪，从话里来，话从心中来”，只有从内心尊重人，才会有得体的礼仪言行。尊重他人是人与人接触的首要态度。“刘备三顾茅庐”的故事说明只有尊重别人，才能受到别人的尊重和信赖，在事业上才能获得成功。周恩来总理一生鞠躬尽瘁，为了党和人民的事业贡献了毕生精力。每次外出视察工作，周总理离开当地时总是亲自和服务员、厨师、警卫员和医护人员等一一握手道谢。周总理是尊重他人的典范，是学习的榜样。

（二）学习礼仪，要以提高学生的自尊心为基础

自尊，即自我尊重，是希望被别人尊重的一种心理状态，是人的自我意识的表现，

并以特定的方式指导人的行动，是一种积极的行为动机。正确的自尊心应表现在待人谦逊、不骄不躁。学生在学会尊重他人时，自己也得到他人的尊重，自尊心在提高的同时，其内心的道德要求也在提高。所以，培养学生高尚的人格，养成自尊、自爱、自律的良好品德显得尤为重要。礼仪教育可以作为动力和导向，在学生的个体发展上发挥重要作用。

（三）学习礼仪，要重在实践

一个人的礼仪只能在言行中才能反映出来，不说不动就不能说某个人有没有礼仪。每个人都要在理解礼仪要求的基础上，敢于在日常的言行中、平时的待人接物中展现自己文明有礼的形象。一些学生平时也知道要讲文明、懂礼貌，但在公共场合或遇到不很熟悉的人时，其礼仪规范就无法发挥，这是他们缺乏自信的表现。因此，学生不仅要树立信心，懂得应用得体的礼仪言行，塑造良好形象，还要敢于展示一个激情有礼、自信文明的自我，并且充分利用各种场合、机会去表现自我。

三、树立职业形象

◢ 案例

香港金牌主持人“肥肥”——沈殿霞，拥有肥胖的身材，但她并没有因此而悲观绝望、自叹自怜，而是乐观豁达地面对现实，把自己活泼可爱的一面淋漓尽致地展现出来。一直以来，她的发型是洋娃娃式的小卷发，服装风格是公主裙、背心裙并装饰有颜色明快的少女式风格的蝴蝶结、小花朵，甚至眼镜也是蝴蝶形的。沈殿霞懂得挖掘和保持自己的个人魅力和风格，直至成为她自己的标志。而事实证明，她的努力成功了，她活泼可爱的形象也被广大电视观众所接受。

良好的职业形象并不意味着一定要有苗条的身材和漂亮的面容，良好的职业形象是指每一个人都能展示属于自己的独特魅力与风格。

（一）塑造完美的第一印象

在踏上事业道路之初，毕业生应花点时间学习塑造良好形象的技能。这不是如何巧妙地掩盖自己的真实形象或明显缺点，而是有意识地注意自己的外表和举止，使外在的自我能保持整洁地走入人群。实际上，在一个人的工作环境中，树立专业形象的时机无所不在。领导、同事，以及求职面试中的面试考官，每天都扮演着自己的观众。通过大量的分析，研究者们得以成功描绘出影响第一印象形成的因素。

（1）第一印象的形成有一半以上内容与外表有关。外表不仅是一张漂亮的面容就足够了，还包括体态、气质、神情和衣着的细微差异。

（2）第一印象的形成有大约 40% 的内容与声音有关。其中，音调、语气、语速、节奏都将影响第一印象的形成。

（3）第一印象的形成只有少于 10% 的内容与言语举止有关。

1. 修饰自己的形象

完美无缺的修饰，能使职业劳动者在任何团体中的形象大大提高。如果职业劳动者经常注意培养自己的修饰习惯，良好的修饰习惯很快就能形成。如果自己天生一个胡子脸，至少要给人一种能打点自己的印象。牙齿、皮肤、头发、指甲的状况和仪态均能反映职业劳动者的自尊程度。如果职业劳动者从头到脚修饰一新——一身裁剪得体的衣服、一头健康干净的头发、一双擦得发亮的高级皮鞋，就一定能赢得他人的尊重。如果不注意修饰自己的形象，职业劳动者会因为不修边幅而遭到冷落。令人厌烦的形象包括：

（1）呼吸粗鲁。

（2）胡子拉碴。

（3）指甲油残缺。

（4）到处都是头皮屑。

（5）香水味太浓。

（6）肤色不健康。

（7）身体有异味。

这些形象是要避免的，职业劳动者要注意塑造整洁大方、清新自然的职业形象。

2. 注意说话方式

思考自己的说话方式，它是整体专业形象的一个重要组成部分。职业劳动者要注意三“避免”：

（1）避免说大话。

（2）避免陈词滥调。

（3）避免喋喋不休。

我们生活在一个“30 秒文化”的世界中，工作质量和责任感在自己的专业形象中只占大约 10%，其余部分则是外在形象和可见因素，即一个人的外表，尤其是第一印象。而说话方式在第一印象中起着重要作用，所以职业劳动者要语言规范、彬彬有礼、诚实可信。

（二）职业装

塞尔弗瑞茨公司服装顾问盖伊·斯普兰萨指出：“穿着的衣服给你什么样的感觉才是最重要的——这是一个生活态度的问题——衣服穿着必须舒服才行，不但身体感觉舒服，而且心情舒畅。”精心穿戴是让别人认真对待自己的一种方法。穿着可以与众不同，但一定要和自己所从事的工作和所在的单位相协调。传统的职业服装代表着一种正式而保守的形象，男女皆宜，而女式服装比男式服装更能得到自由体现（图 5–1）。

职业装包括：

（1）深蓝色或深灰色的西装。

（2）男式衬衣、领带，或女式衬衣、围巾。

（3）深色鞋袜。

（4）精心选择的装饰。

图 5–1　职业装

某些单位却不鼓励这种传统的城市化着装，认为传统的城市化着装太过正式，而希望其职员的穿着更随意一点。那么对不存在明显的着装规定的单位，问题就简单了，职业劳动者只需判断是否达到了如下要求：

（1）如果自己是高级职员，那就穿得体面些。职位越高，穿着得与众不同就越显重要。

（2）如果自己是一般职员，那么不要穿那些不适于工作的服装。上司不会认为没有付给员工足够的工资，他们只会认为职工没有购置合适的服装，由此得出职工没有足够认真地对待自己的工作的结论。

（3）如果在为自己工作，那也不要胡乱穿衣。穿质量过得去的服装，让自己具有成功者的形象。

总之，在充满竞争的职场环境中，穿着得体又不失趣味，正成为职场竞争中的加分项。穿着得体并非天赋。如果职业劳动者觉得自己不善穿着打扮，不妨找个形象顾问，咨询专家们的建议。为了拥有一个较好的形象，职业劳动者必须对自己的衣柜进行投资，这等于对自己的未来进行投资。

1. 如何选择西服和套装

男性如果在较正式的环境中工作，如银行职员、律师或公司企业的高级管理人员，传统的城市化着装——西装，必不可少。这种服装也适合于与顾客见面、会谈和展示产品或服务等场合。男性至少要备 3 套西服，颜色以能配的中深色为宜，款式简单，细条纹或其他小花样均可，另外要 6 件与所有西服相配的衬衣，领带可多准备几条。

女性如果在一个周围男士都穿正式职业套装的环境里工作，一身合体的套裙是稳妥的着装方法。女性要有 3 件短上衣，3 条短裙和 8 件衬衣或上装。另外一些协调相配的小饰物轮换更替，将使自己整整一个月每天都有不同的穿着。穿套裤也是不错的选择，但过于保守。选好了外套，基本形象就定下了，再选择不同的高领衫或衬衫，和一些小装饰品，完美的职业套装就形成了。搭配好的套装看上去各不相同，可以塑造正式、友好、有条不紊、魅力四射的形象。

2. 如何选择短上衣

在非正式环境中工作的男性，如照管类工作，必备的服装则包括至少 3 件短上衣和3条裤子，8件衬衣，其中有2～3件衬衣比较正式，以及一套西装，以备出席最正式的场合。质地较好的衬衣易于洗熨保管，也不难买到，它们应成为男性从业者的首选目标。

在绝大多数场合，女性都可以穿一件短上衣，但正式、传统的场合除外。关键在于女性选择的短上衣能让自己产生各种变化，来与不同工作场合相适应。短上衣可以穿在简单的连衣裙或衬衣外面，其款式和颜色不必很多。一件深色较正式的短上衣配一条深色短裙是最严肃的打扮。

3. 如何选择饰物

男性，一般选择一条与所有裤子都相配的上好皮腰带；素白手帕或米色全棉织巾或彩色丝巾，要与领带相映；传统款式的上等袖口链扣、雨伞、公文包、工作簿和笔记本；手表别选花哨的，这样会显得有条不紊；自来水笔要自己独有，而非办公室公用的圆珠笔。

女性，一般选择的围巾、腰带和珠宝首饰可以是传统的，也可以是耀眼的，根据自己的喜好而定。穿正式的套装时，连裤袜或长筒袜必不可少，为和短裙或鞋子相配，颜色要选浅色的或通配的深色。雨伞、坤包、手表、工作簿和笔记本应该和整体形象一致，深色、传统款式对应正式外表。

4. 如何选择便装

由于工作性质或公司的要求，有些从业者穿一身职业套装会显得没有必要或不太合适，例如幼儿园阿姨、摄影师、雕刻家或诗人，就不需要穿着职业套装。但是，以便装为主的工作服，仍然需要穿着整洁，并与所从事的工作相配。几件精心挑选的衣服，比穿了又穿的上衣或穿着有失身份的过时衣服，要强得多。

5. 记住3个“A”

（1）Aesthetics（美观）。职业装能衬托自己的身段和肤色，且职业装的颜色、质地、纹理彼此和谐。

（2）Appropriateness（合适）。想一想要赴会的场合、时间、地点、天气、文化及要会面的人对自己的期望。

（3）Attitude（状态）。穿着应尽显自己、公司和所从事的工作的状态。

（三）形体语言

1. 五个“不要”和四个“要”

形体语言自古以来就是一种彼此进行交流的方式，商业界已经形成了一整套包括身体的摆放、姿势、动作和面部表情在内的行为举止规范。如果自己刚进入商业领域，那就得花点时间尽快学会在不同的场合下，做出适应该场合的形体语言。自信而不自大，不过于焦虑、急切或低三下四，将显示出从业者的个人气质风度。需注意五个“不要”和四个“要”。

（1）五个“不要”。

①不要两腿交叉，将文件夹或公文包像挡箭牌一样抱在胸前，这是一种高度的防卫姿态，同时看起来也粗俗不雅。

②不要整理头发、抠指甲，或作若有所思状，这些都表示从业者缺乏自信或感到无聊。

③不要向后仰着头从鼻子底下看人，这样看起来高人一等。

④不要触碰别人，侵入别人的领地，这些是违反行为规范的举止。

⑤不要到处串门，令人生厌。

（2）四个“要”。

①商业化的站立姿势要将双手插在口袋里，两腿略微分开。

②接触到别人的视线时要友好地扬一下眉，眼睛亮一下。

③与人握手要坚定而不过于热情。

④要尽量不做小动作，这样看起来沉着而有分寸。

2. 入退场时要自然

在入退场方面，自然为第一，最佳形象为第二。如果自己在这些方面感觉不好，那就应该试着找找原因，琢磨琢磨。问一下自己的朋友或同事，在自己感到紧张、感到放松、感到害羞或厌烦时，有什么样的表情，做什么样的动作；也可以拿家庭生活或专项训练视频做参考。

（1）不要看起来冷冰冰。

求职者要让自己看起来热情积极、生机勃勃、充满活力，或者偶尔动一动、做个手势、挪个位置，这些永远都是对自己有好处的。而如果求职者全身僵硬、板着脸，也没有什么动作手势，会让人觉得自己心不在焉、害怕或控制不住自己。要预先排练几次入退场，练习怎么站，做些什么手势等。

（2）适时退场。

求职者的退场要合适、适时。如果是站着的，不要说完了坐下来，毁了自己的最佳形象。如果是坐着的，不要边说边站了起来。先站起来再道别会给人留下更深的印象。

（四）面试技巧

毕业生处理面试这一问题时要做好充分的准备，事先花足够的时间思考、计划并准备自己的应试策略和预先排演。因为能否被录取取决于面试的表现，所以在积极思考对策和预先排演上下点功夫是值得的。之后毕业生将被约见，来检验以下的能力：

（1）判断自己究竟是否“合适”。

（2）检验自己的自信程度，是否因紧张而失态。

（3）观察你是否能成功地推销自己。

为了面试时展示最好的自己，参加面试前的第一步工作，是做好以下几个方面：

1. 准备工作

简单写几句话，陈述面试的意图，并经常提醒自己。准备介绍自己的文字材料、个人简历，以及自己适合这份工作的理由。陈述要实事求是，不自吹自擂，并举些实例来增加陈述的可信度。不妨试试用这样的话开头："我有个很好的名声，那就是……"

2. 制订计划

想一想自己要从面试中得到什么。就面试准备和对策研究做出书面计划。对面试当天也要制订计划，以免跌跌撞撞地前往或丢三落四。安排好交通出行方式。

3. 对策研究

对于应聘单位试着多了解一点：应聘单位的声誉如何？财政状况如何？谁是面试官？面试时间将会持续多久？面试时间和地点？设计一条前往面试地点的最佳路线。如果面试中还包括做一段演示，那就检查一下自己准备的声像设备是否完好。

4. 预先排练

练习用 2 分钟时间介绍自己，按每分钟 120 个字的平均速度计算，自己可以讲 240 个字，这足以让自己做出清楚而精确地表达了。练习如何在讲 30 秒后就表达出中心意思。练习简短生动地讲述自己的经历，但不要夸大或淡化自己的成功得意之处。对自己的失误要诚实，但也要清楚地说明自己从中得到了什么教训。练习不要太多，只要能使自己对要说的话较为熟悉即可，这样在面试时自己会感到很舒服，听起来也自然而然。

另外，面试时还要注意的事项有：

（1）提前到达。

（2）准备一个文件夹，带上所有必备文件和一支笔。

（3）熟悉履历，对自己准备的材料要熟悉。

对下面这些问题要提前做好准备：

（1）你应聘本单位的原因是什么？

（2）如果给你 5 年时间，你想干点什么？你又有什么技能、资格、经验有助于你实现这一目标？

面试时，要掌握的方法有：

（1）面试时要观点鲜明，并提出自己独立的见解。

（2）要认真准备专业或职业领域中应了解的问题。

（3）注意倾听，时刻准备回答问题。

（4）充满自信。因为具备良好的心理素质将会使自己感觉自然、充满自信，展示自己的优势。

其实面试是一个展示自己才能的极好机会，一定要珍惜！

总之，做好充分的准备，展示热情大方、诚信有礼、稳重得体、坚毅顽强、认真负责的职业形象，是毕业生走向成功的前提和保障。

思政园地

社会文明程度得到新提高，是我国“十四五”时期经济社会发展的主要目标之一。习近平总书记指出：“礼仪是宣示价值观、教化人民的有效方式”。礼仪作为一种制度规范和价值载体，具有成风化人的教化功能。努力实现社会文明程度得到新提高的目标，需要积极推进礼仪教育，不断提升人民群众文明素养，推动全社会形成适应新时代要求的思想观念、精神面貌、文明风尚、行为规范。

建立礼仪制度。习近平总书记指出：“要建立和规范一些礼仪制度，组织开展形式多样的纪念庆典活动，传播主流价值，增强人们的认同感和归属感。”礼仪制度能够调节各种社会关系，是加强礼仪教育的重要基础。加强礼仪制度建设，要坚持以社会主义核心价值观为引领，继承优秀传统，立足当代实践，增强中国特色。强调全面性，既完善国家层面的重大纪念庆典活动礼仪制度，又规范社会层面的生产生活礼仪制度；既完善全社会共同遵守的礼仪规范，又制定体现各行各业特点的行为准则。呈现民族性，体现以爱国主义为核心的民族精神，传承发展中华优秀传统礼仪文化，在内容和形式上彰显中国精神、中国价值、中国力量，树立文明古国、礼仪之邦的良好形象。彰显时代性，体现以改革创新为核心的时代精神，符合现代文明基本理念，凸显中华传统礼仪文化的时代价值，并利用网络信息技术丰富其表达方式和呈现样式。

优化教育模式。礼仪教育的系统性要求整合优化多种教育模式，着力构建家庭、学校、社会协同发力的礼仪教育体系，让人们在实践中自觉感知礼仪、尊崇礼仪、践行礼仪，推动现代文明礼仪内化于心、外化于行。发挥家庭作为礼仪教育第一课堂的作用，通过言传身教、耳濡目染，促进青少年学礼尚礼；发挥学校作为礼仪教育主阵地的作用，通过开设礼仪课程、强化礼仪训练，组织开展升国旗仪式、入党入团入队仪式等礼仪实践活动，把礼仪教育贯穿教育教学全过程；发挥社会作为礼仪教育“实训基地”的作用，通过举办礼仪培训班、礼仪文化节等，提高社会公共礼仪水平。随着信息技术的迅猛发展和互联网普及程度的不断提升，上网成为人们工作生活常态。应依托新媒体技术，将线上与线下礼仪教育相结合，确立网络公共空间的礼仪、礼节、礼貌规范，进一步营造清朗网络空间。

营造文化氛围。大力营造全民学礼、明礼、尊礼、用礼的浓厚氛围，有助于开展礼仪教育、提升教育效果。重大纪念庆典活动是开展礼仪教育的重要契机，可以进一步优化形式和规程，体现仪式感、庄重感、荣誉感，营造国家崇礼重礼的文化氛围。加大对重要礼仪的宣传普及，综合运用各种媒体，通过专题栏目、公益广告等形式，大力宣传日常生活中的礼仪活动和礼仪规范，普及礼仪知识，讲好礼仪故事。发挥先进典型的示范引领作用，通过评选、表彰文明礼仪模范个人和先进单位，以榜样的力量激励人、鼓舞人，推动全社会形成见贤思齐、争当先进的良好氛围。开展群众性文明礼仪创建活动，组织开展文明礼仪比赛、自创自演礼仪剧目等活动，广泛弘扬文明礼仪新风。

——摘选自《人民日报》

第二节　团队合作　积极奋进

案例

王林是电气自动化技术专业的毕业生，在校期间学习成绩优异，毕业后被当地电厂招聘为技术员。

王林带着满满的自信进入了电厂的电仪工程部门。电仪工程部门下设五个班组，按工作实际负责项目分为：炉控班、厂用班、二次保护班、高压班和实验班。每个班组各配有一名班长和两名技术员。王林职业生涯中的第一个工作岗位就是厂用班的电气技术员，负责配电柜等设备装置的整体安装。王林同班组的搭档是一名热工技术员，名叫郭飞，也是一名刚迈出校门的毕业生，负责设备装置中具体仪表仪器等元件的安装。为了更好地指导两位新人工作，部门负责人为他们安排了一位已工作多年且经验丰富的李师傅做班长。

没过多久，王林就迎来了第一次任务——为3号厂房安装一个新的配电柜。初步看完图纸后，王林心中就有了腹稿，这是他在学校进行实训操作项目时曾经独立完成过的配电柜类型，一股能好好表现一番的得意劲浮现在他脸上。随后，班长李师傅交代完王林和郭飞注意事项及任务完成时间后，就将现场交给了两个年轻人，让他们自己沟通协商具体实施方案和各自需要的时间进度。当郭飞主动找王林进行沟通做计划安排时，王林潇洒地大手一挥说："不需要那么麻烦，你看着我来做就可以了。"在余下的任务实施阶段，王林大包大揽了所有工作，完全按自己的思路安装。每当郭飞想要上前进行自己的工作或者表达自己的诉求时，王林总是大手一挥说："这么简单的工作我自己就可以完成，你不用管了。"然后便埋头干活不再与郭飞进行任何交流。

一、团队及团队合作

团队及团队合作

（一）团队及团队合作的含义

在行业、职业和岗位分工日益明确，对能力要求日益精细化的当今社会，靠单打独斗去取得成功变得越来越困难，个人能力总是存在这样或那样的缺陷，只有在团队中，个人的缺陷才能得到弥补和避免。而从个人成长的角度来看，一个人只有拥有团队合作精神和合作能力，在良好的社会氛围中，个人的成长才会更加顺利。1994 年，组织行为学权威、管理学教授斯蒂芬·P. 罗宾斯首次提出了“团队”的概念：为实现某一目标而由相互协作的个体所组成的正式群体。此后，很多研究人员对团队的理论不断完善，团队合作的理念也越来越受到人们的青睐。

团队合作是指一群有能力、有信念的人在特定的团队中，为了一个共同目标互相支持、合作、奋斗的过程。团队合作精神是一种为达到既定目标所显现出来的自愿合作和协同努力的精神。它可以调动团队成员的所有资源和才智，并且会自动地驱除所有不和谐和不公正的现象，同时会给予那些诚心、大公无私的奉献者适当的回报。如果团队合作是出于自觉自愿，它必将会产生一股强大而且持久的力量。

（二）团队合作的原则

1. 诚恳原则

诚是人与人相处的基本态度，团队合作的原则自然当以诚为第一原则。古语说：“诚者，事之始终。”真诚是君子最宝贵的品格，是同事间相处共事的基础。诚应贯彻一件事的始终，让与你交往的人感到你所做的一切都是发自内心的、真诚的。

诚是核心，哪个朋友因某件小事对你有误会或存有偏见，由于你以诚相待，始终以诚感动他，那么他一定会因你“诚之所至，金石为开”。我们都知道“三顾茅庐”这个故事，刘备不顾张飞、关羽的劝阻，在隆冬季节、寒雪纷飞的时候三访孔明，而且为去拜见孔明，又沐浴，又斋戒，终于以诚、以礼叩开了孔明心灵的大门，才有了著名的《隆中对》，才请出了诸葛亮帮助他成就大业。如果他以位尊、以权贵来召唤孔明，其结果可想而知，正因为刘备始终能以诚相待诸葛亮，才赢得了诸葛亮的赤胆忠心，帮助他与曹操、孙权抗衡，三分天下，成鼎足之势，乃至在刘备死后，诸葛亮仍忠心耿耿地保扶幼主刘禅，对之千叮万嘱，为刘氏宗业鞠躬尽瘁，死而后已。著名的《出师表》可以说道尽了诸葛亮的报恩之情，古往今来，成就大业者皆能以诚相待，礼贤下士，例子不胜枚举。

2. 尊重原则

人的自尊与相互尊重是团队合作的基础之一，也是建立良好人际关系的基础之一。你要得到别人的尊重，首先你必须自尊，更应懂得尊重他人。一个人只有自尊，才能产生提高自身修养的需要，自尊是赢得他人尊重的前提。一个不懂自尊的人必然被人鄙视。

要自尊，就应自知、自省、自信、自强。自知就是要有自知之明，认识自己的不足和弱点，知耻而后勇，知不足而求上进，这是人之常理；自省就是经常反省自己，检点自己的言行，学古人“吾日三省吾身”；自信就是要克服羞怯心理，相信自己能够处理好人际关系，充满信心地去待人接物，踏上社交成功之道；自强就是要坚信自己是生活的强者，具有刻苦耐劳、不畏艰险、顽强拼搏的精神。这样才能获得他人由衷的尊敬和礼遇。一个人还要学会尊重他人，这是传统美德，更是团队合作的基本要求。

应提倡换位思维，己所不欲，勿施于人，将心比心，设身处地为他人着想，急他人之所急，多做积德行善之事。还应注意“上交不谄，下交不骄”，既要锦上添花，更应雪中送炭。

人们只有相互尊重，才能有深化交往、发展关系的可能。如果一个人感觉交往对象对自己不够尊重，那么他就会因为自己的自我价值没有得到对方的承认而委屈不快，从而对交往对象产生厌恶心理，使原有的需要减弱和转移，使关系受到影响。而相互尊重给人心理以强化作用，使交往双方因为对方对自己的肯定行为而提高了与交往对象的需要。个人之间是这样，国家之间、民族之间、团体之间也要以尊重为原则，彼此尊重对方的风俗、习俗、礼仪等。

3. 平等友善

与同事平等相处也很重要。同事之间相处具有相近性、长期性、固定性，彼此都有较全面深刻的了解。要特别注意的是要平等相待，才可以赢得同事的信任。信任是联结同事间友谊的纽带。即使你各方面都很优秀，即使你认为自己以一个人的力量就能解决眼前的工作，也不要显得太张狂。要知道还有以后，以后你并不一定能完成一切，还是平等友善地对待对方吧。不管你是资深的老员工，还是新进的员工，都需要丢掉不平等的关系，无论是心存自大，还是心存自卑，都是同事相处的大忌。

4. 善于交流

同在一个公司、办公室里工作，你与同事之间会存在某些差异，知识、能力、经历的不同会造成你们在对待和处理工作时产生不同的想法。交流是协调的开始，把自己的想法说出来，听对方的想法，你要经常说这样一句话：“你看这事该怎么办，我想听听你的看法。”

5. 谦虚谨慎

法国哲学家罗西法古曾说过：“如果你要得到仇人，就表现得比你的仇人优秀；如果你要得到朋友，就要让你的朋友表现得比你优秀。”当我们让朋友表现得比我们还优秀时，他们就会有一种被肯定的感觉；但是当我们表现得比他们还优秀时，他们就会产生一种自卑感，甚至对我们产生敌视情绪。因为谁都在自觉不自觉地强烈维护着自己的形象和尊严。所以，对自己要轻描淡写，要学会谦虚谨慎，只有这样，我们才会永远受到别人的欢迎。

6. 化解矛盾

一般而言，与同事有点小想法、小摩擦、小隔阂是很正常的事。但千万不要把这种“小不快”演变成“大对立”，甚至成为敌对关系。对别人的行动和成就表示真正的关心是一种表达尊重与欣赏的方式，也是化敌为友的纽带。

7. 宽容原则

雨果曾经说过，“世界上最宽阔的是海洋，比海洋更宽阔的是天空，而比天空更宽阔的则是人的心灵”。这句话无论何时何地都是适用的。宽容的原则就是讲究与人为善，可以说是一种较高的境界，是人类一种伟大的思想。在人际交往中，宽容的思想是创造和谐人际关系的法宝，宽容他人、理解他人、体谅他人，不要求全责备、斤斤计较，甚至咄咄逼人，总而言之，学会换位思考、站在对方的立场去考虑一切是你争取朋友的最好办法。每个人生活的环境不同、性格有异、见解有别，就需要互相鼓励、互相理解、互相宽容，以期达到和谐相处的境界。不能以己之长笑人之短，应尽量避免触痛他人；不要自恃清高；不要把自己的习惯强加于人。

8. 接受批评

从批评中寻找积极成分。如果同事对你的错误大加抨击，即使带有强烈的感情色彩，也不要与之争论不休，而要从积极方面来理解他的抨击。这样不但对你改正错误有帮助，也避免了语言敌对场面的出现。

9. 创造能力

一加一大于二，但你应该让它大得更多。培养自己的创造能力，不要安于现状，试着发掘自己的潜力。一个有不凡表现的人，除了能保持与人合作以外，还需要所有人乐意与你合作。

总之，作为一名员工，应该以你的思想感情、学识修养、道德品质、处世态度、举止风度做到坦诚而不轻率、谨慎而不拘泥、活泼而不轻浮、豪爽而不粗俗，只有这样，才可以和其他同事融洽相处，提高自己团队作战的能力。

知识拓展

团队构成要素

团队是指为了一个共同的目标而在一起工作的一些人组成的协作单位。因此，每一个团队都要具备五个构成要素，简称5P。

1．目标

团队应该有一个既定的目标（Purpose），为团队成员导航，成员知道要向何处去。没有目标，这个团队就没有存在的价值。自然界中有一种昆虫很喜欢吃三叶草，这种昆虫在吃食物的时候都是成群结队的，第一个趴在第二个的身上，第二个趴在第三个的身上，由一只昆虫带队去寻找食物，这些昆虫连接起来就像一节一节的火车车厢。

管理学家做了一个实验：把这些像火车车厢一样的昆虫连在一起，组成一个圆圈，然后在圆圈中放上它们喜欢吃的三叶草。结果它们爬得精疲力竭也吃不到这些草。

这个例子说明团队失去目标后，团队成员就不知道如何发展，最后的结果可能是饿死，这个团队存在的价值可能就要打折扣。团队的目标必须跟组织的目标一致。此外，还可以把大目标分成小目标，具体分给各个团队成员，大家合力实现这个共同的目标。同时，目标还应该有效地向大众传播，让团队内外的成员都知道这些目标，有时甚至可以把目标贴在团队成员的办公桌上、会议室里，以此激励所有的人为这个目标去工作。

2. 人员

人员（People）是构成团队最核心的力量。两个（包含两个）以上的人就可以构成团队。目标是通过人员具体实现的，所以人员的选择是团队工作中非常重要的一项任务。在一个团队中，可能需要有人出主意，有人定计划，有人实施，有人协调不同的人一起去工作，还有人去监督团队工作的进展，评价团队最终的贡献。不同的人通过分工来共同完成团队的目标，在人员选择方面要考虑人员的能力如何，技能是否互补，人员的经验如何。

3. 定位

定位（Place）包含两层意思：

（1）团队的定位。

团队在企业中处于什么位置，由谁选择和决定团队的成员，团队最终应对谁负责，团队采取什么方式激励下属。

（2）个体的定位。

作为成员在团队中扮演什么角色，是制定计划还是具体实施或评估。

4. 权限

团队中管理者的权限(Power)大小与团队的发展阶段相关。一般来说，团队越成熟，管理者所拥有的权限相应越小，在团队发展的初级阶段管理权是相对比较集中的。团队权限大小取决于两个方面：

（1）整个团队在组织中拥有什么样的权限，如财务权、人事权、信息权等。

（2）组织的基本特征，如组织的规模多大，团队的数量是否足够，组织对于团队的授权有多大，它的业务是什么类型等。

5. 计划

计划（Plan）具有两个层面的含义：

（1）目标最终的实现需要一系列具体的行动方案，可以将计划理解成目标的具体工作程序。

（2）提前按计划进行可以保证团队的顺利进度。只有在计划的指导下，团队才会一步步地贴近目标，从而最终实现目标。

二、明确自己的团队角色

（一）正确认知自己的团队角色

每个团队成员都有自己的个性，这是无法也无须改变的，而团队领导者的领导艺术就在于如何挖掘团队成员的优缺点，根据其个性和特长合理安排工作岗位，使其达到互补的效果。作为团队成员，如果想要把工作做好，就应知道自己在团队中扮演的角色，并清晰地理解该角色的位置。

（1）具备工作能力，且乐于合作。这样其他成员才会明白你所负责的工作在整体工作中的位置，并能根据工作程序的需要及时做出反应。

（2）认识自己的优势、劣势和性格。这样成员才能最大限度地发挥自己的优势，避免自己的劣势，扬长避短。

（3）找到最佳时机介入团队事务。团队中的事务不是每一件都可参与并发表意见，何时以团队角色的身份出现，何时保持沉默，何时发挥作用，成员都应有清晰的认知。

（4）能在不同的团队角色之间灵活转换。团队工作发生变化，成员的角色也应有所转换，成员应主动适应这种变化，不能以不变应万变。

（5）要适当限制自己的团队角色。团队利益高于一切，成员应适时地从团队利益出发，调整自己的角色行为。

（6）清晰认知他人的团队角色。成员应经常、及时地与他人沟通，清晰认知他人的角色，有时比认知自己的角色更重要。

在团队里，并不需要每个团队成员都异常聪明，因为过度聪明往往会自我意识膨胀、好大喜功；相反，却需要每个人都要具有强烈的责任心和事业心，对于团队精心制定的战略要在理解、把握、吃透的基础上，不折不扣、坚定不移地贯彻执行，对于过程中的每一个运作细节和每一个项目流程都要落到实处。另外，要保证团队的执行力，关键要在执行过程中明确要实现的目标分哪几个阶段和具体的工作指标，这既是确保任务完成质量的关键，又是保证团队执行力的关键。

（二）掌握融入团队的途径

1. 主动了解团队文化

首先，就是文化认同，初入团队，最难适应的就是每个团队独特的团队文化。但要想在团队立足，你就必须理解、认可、传播团队文化。只有你认可了团队的文化理念，快乐工作，自我价值的实现才会成为可能。其次，决定加入哪个团队，除了考虑团队提供的薪水可以满足自己的要求外，最重要的还是看团队的整体氛围好不好、项目有没有可持续发展的前景、团队的核心领导有没有较强的人格魅力、团队提供的岗位和你自身的优势资源能不能有效对接。用四个“跟”来概括：跟自己的感觉走，跟品牌的理想走，跟团队的文化走，跟老板（核心领导）的魅力走。适应和从内心接受了团队文化，你就为自己即将开始的工作打下了一个良好的心态基础，为自己的坚持和不放弃找到了理由，这样，你才可能做到先升值，再升职；先有为，后有位。

2. 主动了解团队目标

每个团队都有一个既定的目标来为团队成员导航，不同的人通过分工来共同完成团队的目标。作为团队的一名成员，我们要了解团队的目标，了解自己应该完成的小目标，跟大家合力实现这个共同的团队目标。

3. 主动了解团队成员

了解团队成员的能力、技能、经验等，我们一定要和优秀者合作，一定要争取靠近优秀者，水涨船高，这样有助于帮助自己为团队做出努力，为实现团队目标贡献自己的聪明才智，同时也实现自己的职业理想。

4. 主动学习，勤于工作

初入团队，太多的东西需要了解和学习。制度流程、岗位职责、团队文化、产品知识、销售政策、网络渠道、网络营销、工作方法、礼仪知识……太多的东西需要我们在最短的时间内就要熟知和了解。学习的途径和方法除了团队正常的培训外，更多的应该是员工用心去自学领悟和掌握，当然，向老员工和前辈请教也是一条捷径。互联网是学习的最好老师，掌握和熟练运用互联网是员工必须具备的一项技能，这不仅仅对于现在的工作有用，对未来的人生也至关重要。

5. 主动沟通

初入团队，进入一个陌生的环境，失落和焦躁情绪是任何人都无法抵挡的。应善于沟通，熟悉工作岗位，让自己能投入工作状态中来，尽快建立人际关系网。沟通无疑是我们进入团队必须习惯性做的事。如果我们一味地将自己封闭起来，沉默于自己的一亩三分地，拒绝和同事沟通交流，结果可想而知—你会被拒之于这个团队之外，沦为孤家寡人。

6. 主动完成岗位工作

初入公司，一个主动积极的工作态度很重要，要主动参加团队活动、主动完成岗位工作。先不要问自己会做什么，而是要问自己现在能做什么。我们工作生活在一个开放性的环境当中，创造性的工作是我们一贯倡导的工作方法，主动无疑是推进剂，如果凡事都要领导来安排，那么，我们就失去了工作的意义。

7. 建立人际网络

哈佛大学商学院曾经做过一个调查发现，在事业有成的人士中，26% 的靠工作能力，

5%的靠关系，而人际关系好的占了6%。建立本人的人际网络，才能更好地融入团队，为团队奉献。要想成为出类拔萃的顶尖人才，不仅要提升你的才能，更重要的是拓展你的人际关系，提升你的人际竞争力，只有这样，你才会锋芒毕露，取得自己和团队事业的成功。丰富的人际资源可使工作越加得心应手。一个人在人际关系上的优势就是人际竞争力。哈佛大学为了解人际能力在一个人取得成就的过程中起着怎样的作用，曾针对贝尔实验室顶尖研究员做过调查。他们发现，被大家认同的专业人才，其专业能力往往不是重点，关键在于“顶尖人才会采取不同的人际策略，这些人会多花工夫与那些在关键时刻可能对本人有协助的人培养良好的关系，在面临问题危机时便容易化险为夷”。他们还发现，当一名表现平平的实验员遇到棘手问题时，会去请教专家，却往往因没有回音而白白浪费工夫；顶尖人才则很少碰到这种情况，由于他们在平时就建立了丰富的资源网，一旦前往请教，立刻便能得到答案。

三、培养团队精神

世界著名的指挥家卡拉扬说：“我只强调三个音，来使我的乐队变成团队。首先强调‘起音’，起音不齐，乐曲就乱。第二是个人的‘专业音’，不管是吹喇叭的还是打鼓的，要表现出自己在专业上认为是最好的、最高段的音。第三个音是‘团队音’，当你打出自己的专业音之后，还要考虑到整体，是不是会成为干扰别人的音。”我们不光仅仅只提倡“心往一处想，劲往一处使”的齐心协力精神，片面地认为只要这样就能够干成大事。事实上，光靠这一点是不够的。要想合作得好，尽快出成果、见成效，这个合作的团体还必须协调一致。所以，简单地把人员组织起来是不够的，还应使组织中的每个成员充分发挥自己的作用，提供其他成员不具备的特殊才能。

（一）培养团队精神的重要

团队精神是团队中不可缺少的因素，具有非常积极的作用。它通过对群体意识的培养，通过员工在长期实践中形成的习惯、信仰、动机、兴趣等文化心理来沟通思想，引导人们产生共同的使命感、归属感和认同感，产生一种强大的凝聚力。它能使团队成员齐心协力，拧成一股绳，朝着一个目标努力，使团队要达到的目标成为单个成员自己所努力的方向，整体目标顺势分解成各个小目标，在每个员工身上得到落实。团队精神产生的协调力是通过团队内部所形成的一种观念的力量和氛围去影响、约束、规范以及协调个体行为，使之不与团队的整体利益相冲突。它要靠员工自觉地要求进步，力争与团队中最优秀的成员看齐。

1. 团队精神是进入团队的重要考核标准

几乎所有大公司在招聘新人时，都非常留意人才的团队合作精神，他们认为一个人能否和别人相处与协作，要比他个人的能力重要得多。

2. 团队精神直接关系到个人的工作业绩和团队的业绩

一个没有团队精神的人，即便个人工作干得再好，也无济于事。在这个讲究合作的年代，真正优秀的员工不只要有超人的能力、骄人的业绩，更要具备团队精神，为团队全体业绩的提升做出贡献。一个人的成功是建立在团队成功的基础上的，只有团队的绩效获得了提升，个人才会得到嘉奖。

3. 团队精神决定个人能否自我超越、达到完美

认清团队精神，完成自我超越。个人不可能完美，但团队可以。在知识经济时代，竞争已不再是单独的个体之间的斗争，而是团队与团队的竞争、组织与组织的竞争，任何困难的克服和波折的平复都不能仅凭一个人的英勇和力量，而必须依托整个团队。

对每个人来讲，你做得再好，团队跨了，你也是失败者。21 世纪最成功的生存法则就是抱团打天下，必须有团队精神。所以作为团队的一员，只有把本人融入整个团队之中，凭借整个团队的力量，才能把本人所不能完成的棘手问题处理好。明智且能获得成功的捷径就是充分利用团队的力量。

一位专家指出："如今年轻人在职场中普遍表现出的自大与自傲，使他们在融入工作环境方面表现得缓慢和困难。这是由于他们缺乏团队合作精神，项目都是本人做，不愿和同事一同想办法，每个人都会做出不同的结果，最后对公司一点用也没有，而那些人也不可能做出好的成绩来。"

4. 团队精神能推动团队运作和发展

在团队精神的作用下，团队成员产生了互相关心、互相帮助的交互行为，显示出关心团队的主人翁责任感，并努力自觉地维护团队的集体荣誉，自觉以团队的整体荣誉感来约束自己的行为，从而使团队精神成为公司自由而全面发展的动力。

5. 团队精神能培养成员之间的亲和力

一个具有团队精神的团队能使每个团队成员显示高涨的士气，有利于激发成员工作的主动性，由此而形成集体意识、共同的价值观、高涨的士气、团结友爱的氛围，团队成员才会自愿将自己的聪明才智贡献给团队，与其他成员积极主动沟通，同时也使自己得到更全面的发展。

6. 团队精神有利于提高组织整体效能

通过发扬团队精神，加强建设团队精神，能进一步节省内耗。如果总是把时间花在怎样界定责任、应该找谁处理这些问题上，让客户、员工团团转，那么就会减少企业成员的亲和力，损伤企业的凝聚力。

（二）培养提升团队精神的途径

团队精神是一个重要的团队文化因素，它要求团队分工合理，将每个成员放在适合的位置上，使其能够最大限度地发挥自己的才能，并通过完善的制度、配套的措施，

使所有成员形成一个有机的整体，为实现团队的目标而奋斗。那么，团队精神该如何培养呢？

1. 明确提出团队目标

目标是把团队成员凝聚在一起的力量，是鼓舞团队成员团结奋斗的动力，也是督促团队成员的尺度。要注意用切合实际的目标凝聚人、团结人，调动人的积极性。

2. 健全团队管理制度

管理工作使团队成员的行为制度化、规范化。好的团队都应该有健全完善的制度规范，如果缺乏有效的制度，就无法形成纪律严明、作风过硬的团队。

3. 创造良好的沟通环境

有效的沟通能及时消除和化解领导与成员之间、各部门之间、成员之间的分歧与矛盾。因此，必须建立良好的沟通环境，以增强团队凝聚力，减少内耗。

4. 尊重个体独特优势

尊重人是调动人的积极性的重要前提。尊重团队中的每一个人，人人都感受到团队的温馨。关心成员的工作与生活，将会极大地激发成员献身事业的决心。

5. 引导成员参与管理

每个成员都有参与管理的欲望和要求。正确引导和鼓励这种愿望，就会使团队成员积极为团队发展出谋划策，贡献自己的力量和智慧。

6. 增强成员全局观念

团结才会产生战斗力。团队成员不应计较个人利益和局部利益，要将个人、部门的追求融入团队的总体目标中去，才能达到团队的最佳整体效益。

团队精神能让成员互相关心、互相帮助，并努力自觉维护团队的集体荣誉，约束自己的行为；能让每个团队成员具有高涨的士气，激发成员工作的主动性，能让团队成员自愿地将自己的聪明才智贡献给团队，同时也使自己得到更全面的发展；能进一步消除内耗，总是能在第一时间界定责任，找到解决问题的责任人，增强团队的工作效率和凝聚力。

活动设计

团队冲突处理方式

（一）情景描述

请想象一下你的观点与另一个观点产生分歧的情景。在此情况下你通常是怎样的反应？下列几种陈述描述了可能出现的行为反应。在每一对陈述句中，请在最恰当地描述你自己行为特点的陈述句前的字母“A”或“B”上画圈。在许多情况下，A 和 B 都不能典型地体现你的行为特点，请选择你较为可能的反应。

1. A：有时我让他人承担解决问题的责任。

   B：与其协商分歧之处，我试图强调我们的共同之处。

2. A：我试图找到一个妥协性的解决方案。

   B：我试图考虑到我与他所关心的所有方面。

3. A：我通常坚定追求自己的目标。

   B：我可能尝试缓和对方的情感，来保持我们的关系。

4. A：我试图找到一个妥协性的解决方案。

   B：我有时牺牲自己的意志，成全他人的愿望。

5. A：在制定解决方案时我总是寻求对方的协助。

   B：为避免不利的紧张状态，我会做一些必要的努力。

6. A：我努力避免使自己造成不愉快。

   B：我努力使自己的立场获胜。

7. A：我试图推迟对问题的处理，使自己有时间考虑一番。

   B：我放弃某些目标作为交换以获得其他目标。

8. A：我通常坚定地追求自己的目标。

   B：我试图将问题的所有方面尽快摆在桌面上。

9. A：我感到意见分歧不总是值得担心。

   B：为达到我的目的，我做了一些努力。

10. A：我坚定地追求自己的目标。

    B：我试图找到一个妥协方案。

11. A：我尽量缓和自己的情绪，把重点放在目标上。

    B：我尽可能努力缓和他人的情感从而维持我们的关系。

12. A：我有时避免选择可能产生矛盾的立场。

    B：如对方做一些妥协，我也将有所妥协。

13. A：我采取折中的方案。

    B：我极力阐明自己的观点。

14. A：我告知对方我的观点，询问他的观点。

    B：我试图将自己的逻辑和利益呈现给对方。

15. A：我可能试图缓和他人的情感从而维系我们的关系。

    B：为避免紧张状态，我做了一些必要的努力。

（二）评估标准及结果分析

评估标准见表 5–1 所示。

表 5-1 评估标准

项目	序号															总数
	1	2	3	4	5	6	7	8	9	10	11	12	13	14	15	
竞争			A			B		A	B	A			B	B		
合作		B			A			B			A			A		
回避	A				B	A	A		A			A			B	
迁就	B		B	B							B				A	
妥协		A		A			B			B		B	A			

哪一种得分最多，表明你处理冲突的方式就偏向哪种，如果两栏的得分一致，那么说明你的处理方式就有两种。

素养训练

1. 活动方式

（1）学生自愿组成小团队，人数不限。

（2）以团队形式报名。每个团队选一个电影片段进行表演。

（3）各团队需自行组织排练，准备表演所需服装、音乐、背景设计、道具等。准备时间为一周。

（4）各团队按照报名顺序表演。表演结束后，由全体团队一起进行评比。

2. 自我提升

（1）你认为高效的团队应具备什么样的条件？

____

____

（2）各团队成员应如何进行自我完善。

____

____

第六章 职业技能 激发活力

学习目标

- 熟悉人际沟通技巧；
- 了解创新与创新思维；
- 理解社会实践活动计划；
- 掌握社会实践调查报告的撰写。

思政目标

在日常的生活和学习中，能够灵活运用沟通技巧、创新技巧，提升自身的沟通能力、创新能力、解决问题的能力。

案例导入

2020年夏天，李萌刚毕业，她怀着满腔热情，自愿去边远地区当一名支教老师。李萌刚到支教学校，就被校长委以重任——担任班主任。要想当好一名被同学们信任且喜爱的班主任，必须真诚地与孩子们交流与沟通，走进孩子内心。刚刚毕业的李萌能做到吗？

在第一节课上，李萌简单地向孩子们介绍了自己，并和全班学生一起制订了新班规。其中一条班规是这样的：只要学生有好的表现，就可以得到一颗星星，集满6颗星星即可抽奖，奖品有文具、零食、免做作业券等。这条班规激发了孩子们的积极性，李萌也取得了孩子们的初步信任。

为了庆祝国庆节，学校要组织一场书法比赛，每个班级要挑选三名同学参加。于是，李萌在自己的班级内先举办了一场小型书法比赛，前三名学生的作品可以学校里展示，还可以获得星星。全班同学都摩拳擦掌，跃跃欲试。在比赛过程中，李萌发现有位同学比较紧张，迟迟不敢下笔，李萌看到鼓励他：“小明，你平时字写得很不错，放轻松，把平时的水平拿出来。不要害怕写错，写错重新来就可以了。”李萌的话缓解了小明的焦虑，他很快完成了作品。

大家都完成书法作品后，李萌让全班同学用投票的方式选出前三名。可李萌没想到的是，投票并不是按作品的优劣，而是出现了拉帮结派投“人情票”的情况。得票最高的三幅书法作品并不是最优秀的作品。因此，李萌决定让大家重新投票。这时，一名学生举手说：“老师，我弃权。”随后，又有多名学生弃权。李萌又生气，又委屈：“大家都弃权的话，那我也弃权，这个比赛我们就不搞了，集星星抽奖的活动也不再进行了……还有5分钟下课，下课后你们自行放学吧！”说完，李萌就离开了教室。

李萌回到办公室，平复了一下心情又返回教室，她惊讶地发现刚才弃权的孩子们没有回家，都坐在座位上等着李萌。李萌有些感动：“你们怎么还没有回家呀，你们几个的家离学校都不是很近，特别是亮亮你回到家需要一个多小时呢。”亮亮低着头小声说道：“老师，我知道错了，我不应该弃权的。”另外几个学生也纷纷附和。

李萌看到他们小心翼翼道歉，害怕她生气的样子，心里愧疚极了，忙向孩子们道歉：“老师也不对，不应该对你们发火，应该与你们好好的沟通，我想知道你们当时的想法。”最先投弃权票的学生亮亮回答道：“老师，苗苗还有一颗星就能抽奖了。她的书包破了好久了，如果她今天能得到星星，就可能会抽到新书包了。而且，当时还有几分钟就放学了，重新投票也要花很多时间，我有点担心回家太晚，才会弃权。”另外几个同学说：“我看到有人弃权，我也就跟风弃权了。”李萌跟大家说：“我知道了你们的想法了，我下次会控制好时间，不会占用你们下课时间了。但是，咱们班级是一个整体，这个比赛活动是为集体争光的，我也希望你们可以多多为我们的班集体考虑。若心里还是有困惑，或者不开心，你们明天仍然可以来找我聊天。现在，你们要赶紧回家，知道吗？”“老师，我们知道了。”这些孩子们说完，就开心地回家了。

这件事让李萌意识到，很多时候孩子们的本意不坏，但是心智还不够成熟，所以如果他们犯错了，作为教师应该积极主动并耐心地与他们沟通，倾听他们的心声，及时解决问题，减少师生之间的误解和矛盾。

【思考】

1. 什么是有效沟通？李萌的沟通有哪些不足之处？又有哪些闪光点？

2. 作为学生应该如何培养自己的沟通能力？

第一节　善于沟通　有效交流

一、正确认识沟通

沟通是指人与人之间为了一个预先设定的目标，借助语言、文字、图像、符号、手势等表现形式，将思想、观念、情感、态度等信息在个体或群体之间传递交流，以达成共识的行为和过程。

换言之，沟通就是信息的发送者借助一定的媒介，将信息发送给既定的信息接收者，并寻求反馈以达到相互理解的过程。

（一）沟通的分类

根据不同的分类标准，沟通可以分为以下几种类型：

1. 正式沟通与非正式沟通

根据沟通者有无组织关系，沟通可以分为正式沟通与非正式沟通。

正式沟通是指按照组织明文规定的结构系统和信息流动的路径、方向、媒体等进行的信息传递与交流，如在工作中下级向上级递交的书面报告、上级下达的工作指示、每周的小组会议沟通等。这种沟通正规、权威，但信息传播范围及传播速度受限。

非正式沟通是指在一定的社会系统内，通过正式组织以外的途径进行的信息传递和交流，如同事之间的谈话、朋友之间的交谈等。这种沟通灵活、随意，但不能保证信息的真实性。

2. 语言沟通与非语言沟通

根据沟通所采取载体的不同，沟通可以分为语言沟通与非语言沟通。

语言沟通是指以语言文字为载体的沟通，如口头交流、书面表达等。

非语言沟通是指以非语言文字的符号为载体的沟通，如语音语调、面部表情、手势动作等。

语言沟通是生活中最主要的沟通方式。而非语言沟通往往会对语言沟通起到加强作用。例如，在称赞某人时，一边夸奖一边竖起大拇指，或点头微笑，会给人以真诚、可信之感。

（二）有效沟通对建立良好人际关系的重要意义

人际关系与人际沟通密不可分。人际沟通是人际交往的起点，是建立人际关系的基础，良好的沟通能够促进人际关系更加和谐，同时，人际关系良好会促使沟通比较顺畅。反过来，沟通不良就会使人际关系紧张甚至恶化人际关系；不良的人际关系也会增加沟通的困难，形成沟通障碍。

1. 人际沟通是人际关系发展和形成的基础

如果人类社会是网，那每个人就是网的结点，人们之间必须有线。如果人和人之间没有线的连接，那么社会就不再是网，而是一堆点，社会也就不能成为组织，不能成为社会。人和人之间的连接就是沟通。

人际关系是在人际沟通过程中形成和发展起来的，离开了人与人之间交往的沟通行为，人际关系就不能建立和发展。事实上，任何性质、任何类型的人际关系的建立都是人与人之间相互沟通的结果，人际关系的发展与恶化也同样是人与人相互交往的结果。沟通是一切人际关系赖以建立和发展的前提，是形成、发展人际关系的根本途径。

2. 人际沟通状况决定人际关系状况

并不是所有问题都能通过沟通和交流来解决。但是，现实中的许多问题却是由糟糕的人际沟通所造成的。美国国家通信协会的一项全国性调查指出，缺乏有效的沟通是人际关系（包括婚姻）最终破裂的最重要原因。所以，提高人际沟通的技能能够帮助人们改善人际关系。更重要的是，这一研究结果并不仅适用于亲密关系，有效的沟通还能改善友谊关系、亲子关系、老板与员工的关系等。在社会生活中，一个人不可能脱离他人而独立存在，总是要与他人建立一定人际关系。假如人们在思想感情上存在着广泛的沟通联系，就标志着他们之间已经建立起了较为密切的人际关系。假如两个人感情上对立，行为上疏远，平时缺乏沟通，则表明他们之间心理不相容，彼此间的关系紧张。

3. 有效沟通是建立良好人际关系的重要保障

有效沟通是建立良好人际关系的重要保障。有效的人际沟通可以把沟通双方的思想、情感、信息进行充分的、全方位的交换，从而达到消除误解与隔阂、增加共识、增进了解、联络感情的效果。和谐、团结、融洽、友爱的人际关系能够使人们在工作中互相尊重、互相关照、互相体贴、互相帮助，充满友情和温暖。沟通的过程使积极的情感体验加深，消极的沟通障碍减少。世界上最美的东西就是人与人之间的情感联络，而人与人之间的情感联络就是通过人际沟通来实现的。

（三）沟通原则

沟通具有社会性，与其他社会活动一样，都有着必须遵循的规则。只有沟通双方都承认并尊重这些规则时，沟通才能协调、顺利地进行。

1. 主动原则

主动是沟通的核心，主动沟通更容易建立良性关系。英国著名管理学大师约翰·阿代尔在《人际沟通》一书中说："沟通能建立关系。你和别人沟通得越多，你们之间就越有可能建立起良性关系，反之亦然。"主动沟通者和被动沟通者的沟通状况有明显差异。

研究表明，主动沟通者更容易与别人建立并维持广泛的人际关系，更可能在人际交往中获得成功。

2. 尊重原则

受尊重是人的高层次需要。俗话说：“你敬我一尺，我敬你一丈。”你不尊重别人，别人也不会尊重你，结果彼此都不沟通、合作，达不到沟通的目的。我国著名文学、电影、戏剧作家夏衍先生可以说是尊重人的模范，他临终前感到十分难受，身边的秘书说：“我去叫大夫。”正待秘书开门欲出时，夏衍艰难地说：“不是叫，是请。”随后便昏迷过去，再也没有醒来。

3. 理解原则

由于人们在社会上所处的地位各异，其人生经历、思想观念、性格爱好、心理需要、行为方式、利益关系各不相同，所以在沟通中对同一事物常会表现出不同的看法、情感和态度，尤其在涉及自身利益的问题上，更会反映出从特定地位和立场出发的价值观念与利益追求，因而必定会给沟通带来许多复杂的矛盾和冲突。如果双方缺乏必要的相互理解，各执一端，互不相让，不仅会导致沟通失败，还会影响双方的感情，一切合作与互助也就无从谈起了。按照社会心理学的原理，理解原则首先是指沟通者要善于进行心理换位，尝试站在对方的处境上设身处地考虑、体会对方的心理状态、需求与感受，以产生与对方趋向一致的共同语言。即使是最有效的发送者，传播最有效的信息内容，如果不考虑接收者的态度及条件，也有可能出现沟通失败。其次，要耐心、仔细地倾听对方的意见，准确领会对方的观点、依据、意图和要求，这既可以表现出对对方的尊重和重视，也可更加深入地理解对方。

4. 相容原则

在沟通中难免会发生分歧，引起争论，有时还牵涉一个人、团体或组织的利益。如果事无大小，动辄激昂动怒，以针尖对麦芒，双方的心理距离会越拉越大，正常的沟通就会转化为失去理智的口角，这种后果显然与沟通的目的背道而驰。因此，沟通过程中，彼此心胸开阔、宽宏大量，把原则性和灵活性结合起来至关重要。只要不是原则性的重大问题，应力求以谦恭容忍、豁达超然的大家风度来对待各项工作中的分歧、误会和矛盾，以谦辞敬语、诙谐幽默、委婉劝导等与人为善的方式来缓解紧张气氛，消除隔阂，这会使沟通更加顺畅并赢得对方的配合与尊重。

二、人际沟通技巧

（一）有效沟通的三个要点

1. 要让对方听得进去

我们要考虑：时机合适吗？场所合适吗？气氛合适吗？比如，在企业中，如果老总正在和客户谈话，你跑进去大声说：“老总，不好了，我们的三台机器停了两台。”你想老总会怎么样？

2. 要让对方乐意去听

要怎样说，对方才喜欢听？如何使对方情绪放松？哪些部分对方比较容易接受？我们应该把对方容易接受的先说。如果先说不容易接受的，那么后面容易接受的也不好接受了，因为对方已经拒绝过你，再拒绝你一次也无妨。

3. 要让对方听得合理

我们要先说对对方有利的，再指出彼此互惠的，最后提出一些要求。这一点是重中之重。人们都对自己有利的方面感兴趣，所以先说对对方有利的，最后提出一些要求，对方才容易答应。

（二）有效的沟通技巧

1. 要有同理心

沟通的首要技巧在于是否拥有同理心，即学会从对方的角度考虑问题，这不仅包括理解对方的处境、思维水平、知识素养，同时包括维护对方的自尊，加强对方的自信，请对方说出自己的真实感受。所以，在做任何事情之前，我们都要仔细考虑。试着先将自己的想法放下来，真正设身处地站到对方的立场，仔细地为别人想一想，这时，你将会发现，许多事情的沟通竟会变得出乎想象的容易。

当然，还要特别克服彼此间的不协调，因为人是有差异的，这些差异在交流中会形成障碍。认识障碍会帮助我们克服它们。我们也可以通过询问、变化信息，调整我们的语言和音量来获得理解。很多时候都要站在对方的角度上来考虑问题，而不仅仅是从自己的角度出发。因为沟通是两个人的事情，这就要求你要照顾对方的情况。同样，在布置任务、汇报工作时更应该考虑接收方的情况，多站在对方的角度考虑问题。

2. 用心倾听

倾听就是接收口头及非语言信息，确定其含义并对此做出反应的过程。在人际交往过程中，倾听是沟通的基础，是一种美德，是一种尊重，是一种与人为善、心平气和、谦虚谨慎的姿态。多听、多做、少说是一个人成熟的表现。苏格拉底曾经说过：“自然赋予人类一张嘴、两只耳朵，也就是要我们多听少说。”

3. 控制情绪

情绪对沟通的影响至关重要，人的情绪状态会左右接收和传送信息的方式，还直接影响到信息的接收和理解的方式。例如，如果你觉得情绪激动或紧张，沟通就有可能受阻，因为本应理智的思想可能被这些情绪所蒙蔽，可能以一种比预期更加肯定或否定的状态接收信息。

如果你对与你进行沟通的人抱有强烈的反感，那么你对信息的解释很有可能受你的看法的影响。同样，你所沟通的任何内容也有可能受别人对待你的态度的影响。如果你对某事特别感兴趣，更有可能选取与自己心仪的事物有直接关系的信息，而且会忽视或根本不去注意其他事情。因此，沟通前要调整好自己的情绪，不要让个人的喜怒哀乐影响沟通的过程，避免造成“冲动的惩罚”。

沟通中的情绪管理可分成两方面：一方面是如何来处理别人对自己的情绪；另一方面是如何来管理自己的情绪，应该怎样跟自己相处。管理情绪要先学会辨别自己和他人的各种情绪。对情绪丰富的人而言，除了六种基本的情绪（开心、伤心、恐怖、愤怒、惊奇、厌恶）之外，他们还能够表现出多种复杂的情绪。如果你无法认识或体会到某种情绪，就无法获得有关导致这些情绪的特定事件、情形或人的重要信息。此外，你会不认同或刻意回避那些会引起你内心不适的他人情绪。

三、职场沟通策略

（一）与上级沟通的技巧

上下级之间的良好沟通，无论对个人，还是对组织，都具有非常重要的意义。对于下级来说，通过与上级的良好沟通，既能全面、准确地了解相关信息，进而提高工作效能，又可以向领导及时表达自己的思想、观念，有利于自己职场上的迅速发展。

另外，在与上级沟通时，一定要注意选择合适的沟通渠道，确保沟通质量。

1. 坦诚相待，主动沟通

初入职场，最为重要的就是要与人坦诚相待，给人留下坦诚的印象。在与上级沟通时，工作中的事情不要力图保密或隐瞒，而是要以开放而坦率的态度与之交流，这样才能赢得上级的信赖。与上级沟通，主动的态度十分重要。工作不久、阅历较浅的下属，工作热情高，富有开创性，对工作任务能够提出一些设想和建议。但他们往往摄于周围人际环境的压力，不能主动与上级进行及时沟通，从而丧失展示才华、取得成功的机会。在实际工作中，任何人都难免会犯错误，但有的下属一旦在工作中出现纰漏或错误，就会感到内疚、自卑，后悔不已。犯错误后，不敢主动与上级沟通、交流，而是唯恐领导责备自己，害怕见到领导。事实上，犯错误本身并不要紧，重要的是要尽早与上级沟通，以期得到他们的批评、指正和帮助，同时取得谅解。消极回避不仅不能取得上级的谅解，反而有可能让他们产生误解。

2. 了解内心，适度恭维

下属只有了解上级的心理，才能开展有效沟通。领导作为社会生活中的个体，他有他的性格、爱好，也有他的作风和习惯。作为下属，要善于找出领导的优点和长处，并在适当的时候给予诚实而真挚的赞美。

3. 心怀仰慕，把握尺度

只有对上级怀有仰慕的心情，才能实现有效沟通。与领导交谈时，要有一个积极乐观的心态，保持充沛的精力，要把握尺度，不能无原则地扯关系、套近乎。对上级交办的事情，要慎重，看问题要有自己的立场和观点，不能一味地附和。对于领导者个人的事情，作为下属，不要妄加评论。对领导提出的问题发表评论时，应当很好地掌握分寸。

4. 注意场合，选择时机

领导的心情如何，在很大程度上影响到与之沟通的效果。当领导的工作比较顺利、心情比较轻松的时候，如某些方面取得成功、节日前夕、生日等时候，心情会比较好，这是与他们进行沟通的好时机。领导心情不好，或者处于苦恼时，最好不要与之沟通。

5. 尊重权威，委婉交谈

领导的权威不容挑战。不论领导是否值得敬佩，下属都必须尊重他。“态度决定一切，忠诚高于一切。”这是绝大多数领导所信奉的，因此，与上级沟通时，要采取委婉的语气，切不可意气用事，更不能放任自己的情绪。总之，下属与上级沟通，要讲究方法、运用技巧。

（二）与同事沟通的技巧

1. 与同事沟通的原则

（1）“三互”原则：

①互相尊重。

获得尊重、认同和欣赏，是包括我们自己在内的每一个人的需要和期待。古语有云：敬人者，人恒敬之。在职场中要想得到别人的尊重，首先要学会尊重别人，尊重他人的人格、工作、劳动及他们在团队中的地位和作用。只有这样，才能获得他人的尊重。

②互相坦诚。

在人际沟通过程中，真诚是不二法则，与职场同事沟通同样如此。只有襟怀坦荡、以诚相待，才能激起同事心灵和情感上的共鸣，才能收获真诚和信任。不以诚待人、说一套做一套的虚伪之人，即便能讨得同事一时的喜欢，也会“疾风知劲草，日久见人心”，慢慢暴露出本来面目，被同事厌恶。

③互相体谅谦让。

同事之间因工作任务聚集到一起，难免会因为经历、性格、价值观、看问题的立场思路等的不同而存在差异、分歧甚至误解和冲突。在产生矛盾时，不要放任自己的情绪感受以扩大冲突，而要通过换位思考等方式理解对方、互相体谅谦让、求同存异。

（2）“四不”原则：

①不谈论私事。

根据调查，只有不到1%的人能够严守别人的秘密。因此当自己出现失恋、婚变等与私生活有关的危机事件时，注意尽量不要在办公室内交流；对上司、同事有不满和意见，也尽量不要向无关人等倾诉。虽然在办公室互诉心事似乎很富有人情味，能拉近彼此之间的距离，但办公室还是因工作关系而存在的一个特殊场所，若界限不清、公私混淆，容易给彼此带来麻烦和困扰。

②不传播“耳语”。

所谓“耳语”，即小道消息，是指经非正式、非正常途径传播的消息，往往会部分或全部失真，因而并不可靠。当然，在一个单位要杜绝一切小道消息几乎是不可能的，所以，对于小道消息，要尽量做到不打听、不评论、不传播。

③不当众炫耀。

每个人都渴望得到别人的肯定和认同，所以都会尽可能地展现自己好的一面，以维护自己的形象和尊严。但如果当众进行炫耀的话，无论是炫耀地位或者财富，还是炫耀容貌或者才华，都是在无形之中贬低别人、凸现自己，容易让人感觉是对别人自尊和自信的挑战，是为了表现自己的优越性，因此，这样很容易引起别人的防御、反感和排斥。这对同事之间关系的维系有弊无利。

④不直来直去。

在沟通过程中，常常有人想到什么就说什么、口无遮拦，还美其名曰自己心直口快、刀子嘴豆腐心。实际上这样的表达除了能给自己带来一时之快外并无好处，但却容易伤害别人，进而也给自己带来困扰。所以职场同事沟通中切忌直来直去，尤其是在有求于对方或者与对方有不同意见的时候，更加不能毫无顾忌地口不择言。

（3）大局原则。

如果与某些同事存在思想差异、意见分歧或矛盾冲突，也尽可能不要“家丑”外扬，不要对自己的同事评头论足甚至恶意攻击，尤其是在与本单位以外的人员进行工作接触的时候。因为这样做常常会让对方质疑攻击者的人格品性，令人心生忌惮。

2. 与同事沟通的方法

（1）懂得相互欣赏。

职场人士都有得到赞许和欣赏的愿望与期待，都希望自己的工作和劳动得到别人的重视和认同，都希望有来自他人恰如其分的评价和鼓励，所以我们要善于发现同事的优点和长处，以及他们在工作中付出的努力、取得的进步和成绩，并进行肯定和赞美。

（2）主动交流和沟通。

人际关系要融洽和密切，一定的交流和沟通是必需的，所以在职场中我们要学会利用工作之余的闲暇主动找同事谈谈心、聊聊天或者请教问题，只有主动创造交流和沟通的机会，才能更好地了解彼此、相处融洽。

（3）保持适当距离。

和同事之间保持良好的关系，并非要与同事无话不谈、亲密无间，实际上由于同事之间既存在合作又存在利益竞争，所以很多时候并不适合太过亲密，有时过分亲密和随意反而容易导致隐私的侵犯。同时，太过亲密和随意也有可能逾越彼此的界限，使得工作和私人生活无法清楚分开，反而会带来摩擦和矛盾。

（三）客户沟通的技巧

1. 留下良好的第一印象

（1）仪容整洁。

保持整洁的仪容是对客户的尊重，也会让客户对你产生好感。与客户见面，穿着打扮一定要得体大方，男性一般以西装为主，女性则以职业套装为主。身上的配饰不要过于华丽，也不要过于寒酸。一位著名企业家对职员与客户见面时的着装提出了以下九条建议：

①业务员应当穿西装或者其他庄重的服装。

②业务员的衣着式样和颜色要大方稳重。

③不要佩戴一些代表个人身份或宗教信仰的东西。

④不要戴太阳镜或变色镜。

⑤不要佩戴过多的饰品。

⑥可以佩戴代表公司的标志性物品。

⑦带上一个精致的笔记本、一支比较高级的圆珠笔或钢笔。

⑧不要脱去上装，以免削弱你的权威或尊严。

⑨见客户时，忌食辛辣及气味不好的食物。女性可以喷洒一点淡雅的香水。

（2）言谈得体。

①进门之前，先按门铃或轻轻敲门，得到允许后，才能进入。

②看见客户时，点头微笑，谈话过程中始终保持微笑。

③客户未坐定之前，自己不要先坐。

④客户起身离席时，要同时起身致意。

⑤与客户初次见面时，应先向对方表示打扰的歉意，告辞时，感谢对方的交谈和指点。

⑥不与客户发生争执，要让客户感觉到自己是对的。

⑦不主动贬低同行人员、公司或产品。

⑧保持良好的卫生习惯，举止文雅。

2. 讲究沟通的策略

（1）从感情入手。

人是感性的，有时候，人的感情能主宰一个人的行为。在说服客户的时候，我们可以从感情方面入手，进行感情的交流，营造平和、温暖、热情、诚恳的氛围。

（2）寻找沟通点。

实际上，无论是在心理、感情上，还是在理性上，我们都可以找到与客户的共鸣之处。这就是双方最好的沟通点。比如共同的爱好、兴趣、性格、情感、理想、行业、工作等，甚至是孩子的教育方式。当双方认识到彼此之间的沟通点时，就会情不自禁地拉近与对方的心理距离。

（3）步步推进。

在与客户沟通时，可以采取美国门罗教授的激发动机引诱法。

①引起客户的注意。

②明确客户需要什么，把客户引导到他自己的问题上。

③告诉客户怎么解决，拿出具体的解决办法。

④指出两种前途，即预测两种不同的结果。

⑤说明应采取的行动。

在步步引诱的过程中，要一直站在客户的立场上看问题，从对方的利益出发，这样才能快速达到沟通的目的。

（4）一定不要争辩。

人们总是喜欢与和自己看法一致的人打交道。所以，与客户沟通时，如果谈到看法不一致的问题，或者面对客户的抱怨、发怒，无论客户有无道理，你都不要与客户争辩，甚至当客户明显犯错时，你也不要直接指出，只要微笑并适当做出反馈就可以了。

（5）赠送小礼物。

拜访客户时，可以赠送一些小礼物，如某地的特产、精致的糕点、台历、茶杯、笔记本、签字笔等。与客户见面时，碰到客户的家人尤其是孩子时，花费不多但投其所好的小礼物会发挥更大作用。

知识拓展

影响有效沟通的因素

有效沟通意味着信息从发送者完整、准确地传递到接收者那里，接收者做出相应的、为信息发送者所期望的反应。沟通在工作生活中就如同人体的血脉，若沟通受阻，就如血管栓塞，导致器官坏死，可见，有效沟通的重要性。影响有效沟通的因素有以下几个方面。

1．个人认知因素

每个人都有自己的独特认知框架和交流方式。所谓认知框架就是人们认识事物的方法和模式，它主要受到个人先前的知识经验、文化背景、社会地位及个人特征的影响。因此，每个人的认知框架是不同的，不同的个体对同样的事物与信息往往会产生不同的看法。

在沟通过程中，信息发送者往往会按照自己的语言习惯、思考方式、表达方式去传递信息，信息接收者则会根据自己的动机、经验及需要，有选择地去接收信息发送者所传达的信息。若信息发送者传递出的信息不能完全为对方所理解时，就会出现“沟通漏斗”效应，即沟通信息的递减规律，如图 6-1 所示。

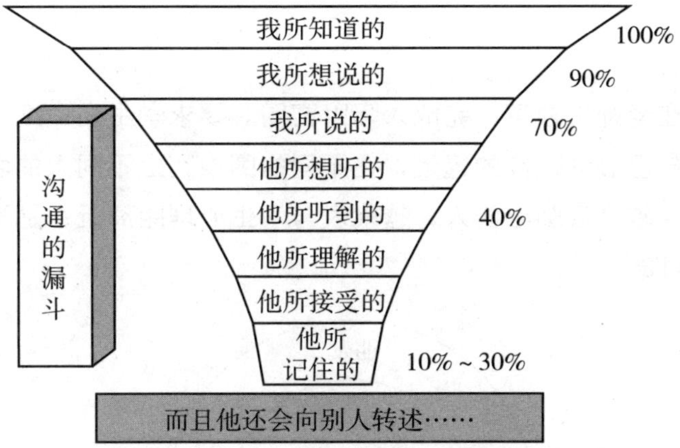

图 6-1　沟通信息的递减规律

2．符号语义因素

在沟通过程中，常会使用各种语言或非语言符号，如手势、表情符号等。符号通常具有多种含义。由于信息发送者与信息接收者的语言修养、文字表达能力等不同，有时双方会选择含义错误的或有偏差的符号，从而使沟通双方之间产生误解，使得沟通变得困难。

3．沟通渠道因素

在沟通过程中，要特别注意沟通渠道的选择，避免信息由于沟通渠道过长、中间环节过多等原因而在传递过程中被歪曲或丢失。在职场中，也要注意信息发送者与接收者的地位、部门及背景的不同，若沟通渠道不当，可能会因存在某些专业术语而构成沟通中的障碍。因此，重要的沟通最好采用比较正式、清晰、准确的书面文件沟通渠道进行。

4．组织机构因素

在职场中，职业者客观上存在着地位和职位的高低，思考问题的角度存在着差异。个人在接受上级传递的信息时，不仅会考虑其表面的含义，有时还会基于上级的喜好进行解读，因此有可能偏离重点，忽视问题的真正所在，导致沟通无效。

活动设计

人际财富

1．活动目的

了解自己的人际关系现状。

2．活动时间

10 分钟。

3. 活动场地

教室。

4. 活动步骤

第一步，学生在老师带领下，完成人际财富图。要求学生在白纸上画三个大小不等的同心圆，根据与自己心理距离的远近，在不同的圆中写上不同人的名字（图 6–2）。其中圆心代表自己，越靠近圆心的人，越代表与学生心理距离近，是学生生活中重视、在意、乐于交往的对象。

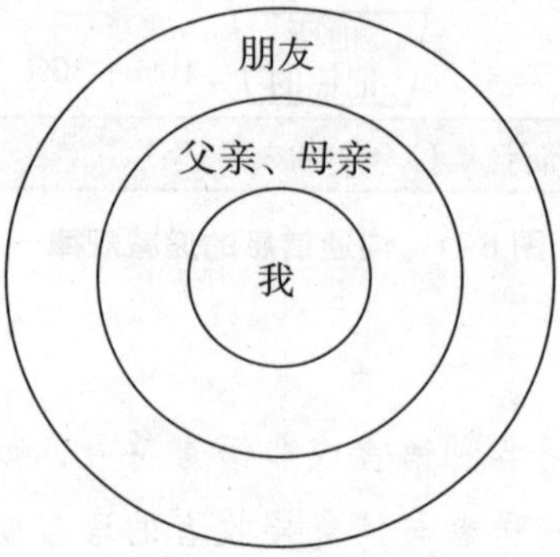

图 6–2　人际财富图例

第二步，引导学生交流、分享自己的人际财富，思考人际财富给自己生活带来的影响，并认真反省自己的人际交往状态、自己在交往中的优点和不足，明确努力方向。

老师在活动过程中可根据情况将三层的同心圆扩展至四层、五层。

第二节　解决问题　勇于创新

一、创新的概念及其分类

（一）认知创新

创新是指人类提供前所未有的事物的一种活动，英文是“innovation”，起源于拉丁语，原意有三层含义：更新；创造新的东西；改变。

这里的“事物”所指很广泛，既包括自然科学，也包括社会科学；上至国家政权，下至百姓生活。从天文到地理，无所不有。这里的“前所未有”却只有一种含义，那就是“首创”。任何的创新都必须是一种首创活动。通俗来讲，首创就是第一个的意思。不过这个首创因为参照对象的不同而有两种不同的含义，衍生出狭义创新和广义创新两种类型。

（1）狭义创新是相对于其他人或全人类来说的，你是第一，是首创。狭义创新是真正具有推动社会进步意义的。比如爱因斯坦发现相对论、爱迪生发明电灯等。

（2）广义创新是虽然相对于其他人我们不是第一个，但相对于我们自己来说，是第一，是首创。其比较简单，容易学习和掌握。比如单位搞了一场与往年不同的新年联欢会，推行了新的工作方法，进行了某些方面的改进等。

（二）创新的分类

现代创新理论的提出者约瑟夫·熊彼特在1912年《经济发展理论》一书中指出，所谓创新就是要建立一种新的生产函数，即生产要素的重新组合，就是要把一种从来没有的关于生产要素和生产条件的“新组合”引入生产体系。

（1）根据创新的表现形式不同，可分为：知识创新、技术创新、服务创新、制度创新、组织创新、管理创新。

（2）根据创新的领域不同，可分为：教育创新、金融创新、工业创新、农业创新、国防创新、社会创新、文化创新等。

（3）根据创新的行为主体不同，可分为：政府创新、企业创新、团体创新、科研机构创新、个人创新等。

（4）根据创新的方式不同，可分为：独立创新、合作创新。

（5）根据创新的程度不同，可分为：渐进性创新、突破性创新。

（6）根据创新的对象不同，可分为：产品创新、工艺创新。

（7）根据创新的层次不同，可分为：首创型创新、改进型创新、应用型创新。

（8）根据创新的效果不同，可分为：有价值的创新、无价值的创新、负效应创新。

二、认知创新思维

（一）创新思维的概念

创新思维是人类思维的高级过程，是指人类在探索未知领域的过程中，能够打破常规，积极向上，寻求获得新成果的具有社会价值的新颖而独特的思维活动。

创新思维不是创意，更不是创造力。创新思维运行的过程就是创意的认知过程，创意输出的过程，就是创造力产生的过程。也就是说，创新思维是创意的组成部分，也是创造力产生的“工具”。因此，创新思维是在抽象思维和形象思维的基础上和相互作用中发展起来的，抽象思维和形象思维是创造性思维的基本形式。

（二）创新思维的特征

1. 敏感性

要想打破常规思维的界限，产生新的思维成果，就必须敏感地感知客观世界的变化。

2. 新颖性

创新思维重在创新，体现为在思考的方式上、思路的方向上、思维的角度上具有创造性和开拓性。认识事物时不停留在原有的层面上，而是进行重新的认识和分析，以独特的方法解决问题，用新奇的方式处理事情，产生新产品、新工艺、新方法、新方案等，从而形成和产生新的实用性或新的价值。

3. 联动性

创新思维具有由此及彼的联动性，这是创新思维所具有的重要特征。联动方向有三个：一是纵向，就是看到一种现象，就向纵深思考，探究其产生的原因；二是逆向，就是发现一种现象，则想到它的反面；三是横向，就是能联想到与其相似或相关的事物。创新思维的联动性表现为由浅入深、由小及大、触类旁通、举一反三，从而获得新的认识和新的发现。

4. 开放性

创新思维是开放的，要创新就必须善于学习、勤于思考，实现与外界的物质、能量和信息的交换。

认知创新思维

5. 跨越性

创新思维属于非常规性、非逻辑性的思维活动。具有创新思维的人常常独具卓识，敢于质疑，善于破除陈规和思想的禁锢，善于从新的角度思考问题，力求另辟蹊径，得到突破性的新发现。

知识拓展

突破创新思维障碍

1. 克服思维定式

所谓思维定式，就是根据已有的知识、经验，在头脑中形成的一种固定的思维模式，也就是思维习惯。遇到问题，会自然地沿着固有的思维模式进行思考。

思维定式是一种按常规处理问题的思维方式，也称之为常规思维。一提到思维定式，很多人认为它就是思维障碍，这是片面的。事实上，日常生活中，绝大多数人的行为90%以上都是依赖思维定式思考的结果。换句话说，这种思维习惯既可能成为我们良好的“助手”，帮我们形成正确的行为，缩短思考时间，提高效率；也可能成为我们最坏的“敌人”，把我们的思维拖入特定的陷阱。思维定式就如同一把双刃剑，它有利于常规思考，却不利于创新思考和创造。

2. 扩展思维视角

人的思维活动不仅有方向、有次序，还有起点。在起点上，就有切入的角度。我们把思维开始时的切入角度，称为思维视角。思维视角就是思考问题的角度、层面、路线或立场。实际上，思维视角对于创新活动来说非常重要，创新应该尽量多地增加头脑中的思维视角，学会从多种角度观察同一个问题。

（1）肯定—否定—存疑。

思维中的“肯定视角”就是，当头脑思考一种具体的事物或者观念的时候，首先设定它是正确的、好的、有价值的，然后沿着这种视角，寻找这种事物或观念的优点和价值。思维中的“否定视角”正相反，否定，也可以理解为“反向”，就是从反面和对立面来思考事物；并在这种视角的支配下寻找这个事物或者观念的错误、危害、失败等负面价值。对于某些事物、观念或者问题，我们一时也许难以判定，那就不应该勉强地“肯定”或者“否定”，不妨放下问题，让头脑冷静一下，过一段时间再进行判定。这就是“存疑视角”。

（2）自我—他人—群体。

我们观察和思考外界的事物，总是习惯以自我为中心，用我的目的、我的需要、我的态度、我的价值观念、我的情感偏好、我的审美情趣等，作为标准尺度去衡量外来的事物和观念。

“他人视角”要求我们，在思维过程中尽力摆脱“自我”的狭小天地，走出“围城”，从别人的角度，站在“城外”，对同一事物和观念进行一番思考，发现创意的苗头。

任何群体总是由个人组成的，但是，对于同一个事物，从个人的视角和从群体的视角，往往会得出不同的结论。

（3）无序—有序—可行。

“无序视角”是指我们在创意思维的时候，特别是在思维的初期阶段，应该尽可能地打破头脑中的所有条条框框，包括那些法则、规律、定理、守则、常识之类的东西，进行一番“混沌型”的无序思考。

“有序视角”的含义是，我们的头脑在思考某种事物或者观念的时候，按照严格的逻辑来进行，透过现象，看到本质，排除偶然性，认识必然性。

创意的生命在于实施，我们必须实事求是地对观念和方案进行可行性论证，从而保证头脑中的新创意能够在实践中获得成功。这就是“可行视角”。

总之，创新思维是一种习惯。要想拥有这种习惯必须要通过认真的学习，掌握各种创新思维方法。科学有序的方法才是成功的坚实基础。

3. 超越自我

突破障碍就是突破自我，进一步说就是超越自我，超越自我才是创新。

所谓“超越”，实际上也是一种思维方式。这种思维方式，就是站在时代的制高点，超越时空的限制，根据对客观规律的正确认识，对事物的发展趋势进行正确的判断，从而做出科学的决策。只有超越才有创新，超越既不是拘泥于现实的墨守成规，也不是脱离实际的凭空幻想。只有超越自我才能超越现实。超越自我意味着思维方式的不断创新，也意味着人生目标的不断前移，最终实现人生的价值。

三、创新思维的培养

◢ 案例

10月21日～23日，2021一带一路暨金砖国家技能发展与技术创新大赛之第二届人工智能机器人应用技术大赛国内赛落下帷幕。大赛吸引了来自广西、重庆、河南、四川、辽宁、山东、上海、浙江、广东等省市的数十支队伍参赛，同台竞技。

据悉，金砖大赛是2017年金砖国家最高领导人会晤后，经筹备委员会认可和中华人民共和国外交部相关主管司局同意，金砖国家工商理事会批准的国际大赛。自2017年发起至今，已成功举办四届。赛项考核参赛选手在智能视觉、语音识别、自然语言处理等领域的应用，培养参赛选手对人工智能开放平台部署、数据标注、模型构建、人工智能系统开发搭建、智能机器人系统装调、路径优化等综合应用能力，培育学生在工程实践、创新应用和团队协作等方面的综合职业素养，通过接近真实情况的生产安全竞赛场景，加速职业转化进程，为行业、企业培养具有创新能力的技术技能型复合人才。

（一）知识是产生创新思维的必要前提

创新是建立在广博的知识基础之上的。没有厚实的知识积累，即使有了创新点子，也无法将点子转变为解决问题的方法。科幻小说中有许多相当新颖的创新思想，但限于科技知识水平，许多想法无法实现。牛顿有句名言：“我之所以看得更远，是因为我站在巨人的肩膀上。”巨人的肩膀就是前人知识的积淀，所以培养创新思维的第一步，就是做好知识的积累。

科学的创新来不得半点虚假，没有任何捷径可走。知识基础是对前人智慧成果的集成，是形成创造力的必要条件，离开了扎实宽厚的知识基础，就不可能顺利开展创新活动。现代社会的发展要求我们个人不能只拥有单一的学科知识，而必须拥有跨学科的知识结构。只有如此，才能以多种角度去分析问题、解决问题，也更加容易形成新思维。

（二）实践经验是创新思维的根本基础

创新源于实践。思维是在实践基础上分析综合，然后做出判断推理的过程，创新思维也离不开实践活动。从伽利略在比萨斜塔上做的“两个铁球同时落地”的著名重力实验到牛顿的“万有引力”，再到爱因斯坦的“相对论”的力学发展历程，我们可以看到知识是在理论—实践—理论—实践过程中不断创新发展的。我们在工作、学习、生活中，应当注重观察细节，积累实践经验，为创新思维打下坚实的基础。

（三）多向思维法是创新思维的基本方式

对一个问题的思考，不能只从一个角度入手，要力争从众多的新角度去观察思考，以求获得更多的新认识，提出更多解决问题的新方法。当我们不能直接解决问题时，可以尝试运用逆向思维、侧向思维、求异思维、类比思维、综合（集中）思维、发散（扩散）思维、联想思维的方式，从不同的方向提出解决问题的方法。

（四）创新思维过程中应避免的几个误区

在创新思维过程中，我们应当尽量避免以下几个误区。

1. 思维过度发散，舍近求远

有一个很经典的例子，就是用高度表测量楼房高度的问题。实验者提出了诸如以高度表为单摆，通过单摆在楼顶的摆动率计算楼房高度；将高度表从楼顶自由垂直下落，通过高度表下落所用时间计算楼房高度等十来种方法，就是没有使用高度表直接读出楼房高度的方法。虽然这只是一个体现利用发散思维解决问题的例子，但是创新思维应当尽量避免这种思维方式。我们要牢记：创新的目的就是要以最简单、最直接的方法解决问题。解决问题时舍近求远不利于创新思维。

2. 过度求新，忽视创新成本

在创新过程中，还应当避免过度求新，而忽视了创新的实现代价与实现的价值之间的关系。某些人在创新活动中一味求新，似乎不采用最新技术，不使用最新方法，就不能体现出创新水平。但是，创新毕竟还属于社会活动，与社会条件密切相关，太“超前”的创新技术，如果实现的成本太高，远超它实现的价值，就不会在短时间内得到社会的认可和应用。

20 世纪 90 年代初，某食品厂从国外引进了一套蔬菜水果脱水技术，用来生产脱水蔬菜和水果。这种技术在当时很先进，既保持了蔬菜、水果的营养，又可以使其长期存放，照理应当很有市场竞争力。但厂家忽视了这套技术及设备的高额引进成本。由于引进成本高，产品价格超出当时人们的消费承受力，导致产品卖不出去，引进的设备长期闲置，最后成了一堆废铁。20 年后，技术成熟了，脱水蔬菜、水果的生产成本已接近消费者的承受力，但原来最先引进这项技术的食品厂已经从市场上消失了。

思政园地

“盖有非常之功，必待非常之人。”人是科技创新最关键的因素。创新的事业呼唤创新的人才。尊重人才，是中华民族的悠久传统。“思皇多士，生此王国。王国克生，维周之桢；济济多士，文王以宁。”这是《诗经·大雅·文王》中的话，说的是周文王尊贤礼士，贤才济济，所以国势强盛。千秋基业，人才为先。实现中华民族伟大复兴，人才越多越好，本事越大越好。我国是一个人力资源大国，也是一个智力资源大国，我国13亿多人大脑中蕴藏的智慧资源是最可宝贵的。知识就是力量，人才就是未来。我国要在科技创新方面走在世界前列，必须在创新实践中发现人才、在创新活动中培育人才、在创新事业中凝聚人才，必须大力培养造就规模宏大、结构合理、素质优良的创新型科技人才。

我国科技队伍规模是世界上最大的，这是我们必须引以为豪的。但是，我们在科技队伍上也面对着严峻挑战，就是创新型科技人才结构性不足矛盾突出，世界级科技大师缺乏，领军人才、尖子人才不足，工程技术人才培养同生产和创新实践脱节。“一年之计，莫如树谷；十年之计，莫如树木；终身之计，莫如树人。”我们要把人才资源开发放在科技创新最优先的位置，改革人才培养、引进、使用等机制，努力造就一批世界水平的科学家、科技领军人才、工程师和高水平创新团队，注重培养一线创新人才和青年科技人才。

要按照人才成长规律改进人才培养机制，“顺木之天，以致其性”，避免急功近利、拔苗助长。要坚持竞争激励和崇尚合作相结合，促进人才资源合理有序流动。要广泛吸引海外优秀专家学者为我国科技创新事业服务。要在全社会积极营造鼓励大胆创新、勇于创新、包容创新的良好氛围，既要重视成功，更要宽容失败，完善好人才评价指挥棒作用，为人才发挥作用、施展才华提供更加广阔的天地。

未来总是属于年轻人的。拥有一大批创新型青年人才，是国家创新活力之所在，也是科技发展希望之所在。“我劝天公重抖擞，不拘一格降人才。”广大院士不仅要做科技创新的开拓者，更要做提携后学的领路人。希望广大院士肩负起培养青年科技人才的责任，甘为人梯，言传身教，慧眼识才，不断发现、培养、举荐人才，为拔尖创新人才脱颖而出铺路搭桥。广大青年科技人才要树立科学精神、培养创新思维、挖掘创新潜能、提高创新能力，在继承前人的基础上不断超越。

实施创新驱动发展战略，建设创新型国家，为实现“两个一百年”奋斗目标提供强大科技支撑，是时代赋予我国广大科技工作者的历史使命。希望同志们锐意进取、锐意创新，努力创造出无愧于时代的业绩，为实现中华民族伟大复兴做出新的更大的贡献！

——习近平在两院院士大会上的讲话（节选）

第三节　参与实践　积极锻炼

一、制订社会实践活动计划

（一）社会实践活动概述

社会实践活动一般是指学生的假期实习和顶岗实习。社会实践活动可以加深学生对本专业的了解，确定自己将来适合的职业，实现学校向职场过渡的准备，增强个人就业竞争优势等（图 6–3）。

图 6–3　社会实践活动

（二）制订社会实践活动计划

1. 选择好实践的内容和目标

社会实践活动包括校内活动，也包括校外活动，形式多种多样。例如，有的学生选择在校内外勤工俭学，做家教或者打零工以补贴生活所需；有的学生选择做义工、支教或者支农，既锻炼了能力，又奉献了爱心；更多学生则是倾向于选择与专业相关的单位进行有偿或无偿实习。无论是哪一种实践活动，都离不开计划。

（1）校外实践内容。

根据校外实践活动的特点提一些建议，如表 6–1 所示，供学生参考。

表 6–1　校外实践内容参考

校外实践内容	实践目标	实践的评估办法	时间安排
顶岗实习	1. 认识职业 2. 认识自我、分析自我 3. 加强对专业的认识	1. 实习总结报告 2. 职业生涯规划书 3. 实习鉴定书	建议毕业前半年内完成
访问用人单位	1. 获取和处理职业信息 2. 了解就业形势与政策	1. 市场调查报告 2. 用人单位反馈表	建议专业学习第二、第三年课余时间里完成
访问校友	1. 获取和处理职业信息 2. 了解就业形势与政策	1. 市场调查报告 2. 校友反馈表	建议专业学习第二、第三年课余时间里完成

校外实践内容	实践目标	实践的评估办法	时间安排
走访人才市场	1. 把握就业形势 2. 了解就业市场 3. 了解职业需求	1. 制作简历 2. 求职体会总结	毕业前一年内
勤工俭学	1. 培养职业意识 2. 了解职业需求 3. 获得工作经验	1. 求职经历总结 2. 工作经验总结	课余时间
专业对应岗位实习	1. 培养职业意识 2. 了解职业需求 3. 获得工作经验	1. 求职经历总结 2. 工作经验总结	课余时间
社会公益活动	1. 培养社会意识 2. 了解社会需求 3. 获得间接工作经验	1. 相关报告 2. 间接工作经验总结	课余时间

（2）校内实践内容

校内实践内容可参考下表 6–2 所示。

表 6–2　校内实践内容参考

校内实践内容	实践目标	实践的评估办法	时间安排
职业意识训练	1. 加入社团 2. 实践职业道德 3. 培养团队合作意识 4. 培养责任心 5. 积累间接工作经验	1. 自我评价 2. 社团评价 3. 学校鉴定书	在校期间均可进行
专业技能训练	1. 获取专业对应的知识和技能 2. 提高岗位工作所需能力	1. 实习工厂训练 2. 实操能力考核 3. 实习工厂评定表	建议专业学习期间完成
职业个性培养	1. 了解职业兴趣与对应职业群 2. 了解职业性格与对应职业群	1. 社会调查报告 2. 用人单位反馈表 3. 校友反馈表	建议专业学习期间完成
人才档案建立	1. 录入个人基本信息 2. 记录个人综合表现 3. 确定求职意向	1. 档案记录表 2. 个人描述 3. 小组评价	建议专业学习期间完成
面试技巧训练	1. 掌握职业礼仪 2. 把握面试沟通技巧 3. 职业形象设计 4. 建立网络人才档案	1. 简历制作 2. 小组角色扮演 3. 职业形象展示 4. 观摩校内招聘会 5. 填写求职网站基本资料	毕业前一年内

2. 做好活动计划和准备

以上实践内容很多，有的是学校统一安排，有的是自主选择。但无论如何，我们在参与实践前，应该做好自我分析，在了解自身需求的前提下，做好相关准备。

（1）收集有效信息。

利用课余时间，结合自身特点和需求收集各类信息，明确假期社会实践内容，做好初步职业生涯规划。

在校期间，学习任务重，往往不能及时、准确、全面收集到有效的信息，所以应该懂得充分依靠和利用互联网等，也应该密切联系家人、朋友、老师和同学，更应该与社团同学保持良好的关系，获取最直接有效的信息。

（2）制订活动方案。

如果属于个人行为，在获取信息后，应该至少有个对应的、初步的打算，活动在哪里，什么时候实施，可能会出现的问题以及应对措施等，做到心中有数。

如果是团队活动，还应该制订详细的活动方案。例如，某学生社团想做一次社会实践活动，但他们面临着几个问题：

第一，什么样的活动比较有意义？

经过大家讨论，学生们认为学校所在市区环境受污染情况较为严重，决定选择“环保在我心中”作为本次活动的主题。

第二，活动的具体内容是什么？

经过讨论，同学们决定成立几个调查小组，民主选举组长。每组负责的区域和项目不同，有的组负责调查水资源，有的组负责调查企业生产状态，有的组负责调查大气污染现状，有的组负责调查噪声污染情况，有的组负责到垃圾转运中心观看废渣污染情况，有的组负责调查居民意见，大家分工合作。

第三，各组调查路线和访问方法如何？

经过各小组讨论，每组首先确定自己的调查路线和访问方法，有的组需要联系学校老师或者家长，跟一些企业的负责人取得联系，请求配合学生的调查访问。然后，各组成员制订好相关的调查表，进行实地调查。水污染调查小组到主干河流调查水体污染现状；大气污染调查组到市区看大气污染现状；噪声污染调查组到主要交通干道及建筑施工现场考察噪声污染状况；废渣污染情况调查组到垃圾转运中心观看废渣污染情况；居民意见调查组通过抽样，到各区做调查。

第四，如何获取更全面的信息和数据？

经过与老师沟通，各调查组决定有必要走访一些管理单位，比如市环保局、市环境检测站、排污站，比较全面地了解本市环境污染和环境治理的情况。

第五，如何提高认识？

各组经过讨论、总结，最后共同完成《大气污染与防治报告》《水污染与防治报告》

《噪声污染与防治报告》《固体废弃物污染与防治报告》《我市居民意见书》《环境与我们》等系列文章。

第六，如何推进实践结果？

各调查组分别向当地各负责部门提交调查报告，并在校园内外进行多种渠道的宣传，提高人们的环保意识，对推进当地环保建设做出力所能及的贡献。

（3）选择合适的总结办法。

社会实践也是一种学习，不能当作儿戏。可以说，没有总结，就永远没有提升，没有原始的积累和记录，就没有丰富细致的经验。每次实践活动结束，都应该有较为合适的总结、评价或者考核。如果是个人活动，至少应该有一个活动体会的小结或者工作日记等；如果是团队实践活动，还应完成实践报告；如果是学校组织的实践活动，均需完成社会实践报告，递交实习单位信息反馈表，完成个人实习总结和实习鉴定等（表 6–3）。

表 6–3　社会实践报告

社会实践报告	
姓名：	专业班级：
实践单位地址和电话：	
社会实践主要内容：	
社会实践单位名称：	
社会实践过程、体会：	
实践单位总体评价： 负责人签名 单位公章	

二、访问用人单位

（一）为什么要访问用人单位

访问用人单位，实际上就是搭建优秀企业与在校学生良好沟通的平台，可以实现学生与社会的优势资源整合，帮助学生获取职业信息，加深在校学生对专业以及专业对应职业的了解，提高对就业形势与政策的认知，提升学生在职业生涯规划中的针对性、自觉性和有效性。

（二）如何访问用人单位

1. 选择访问方法

（1）学校统一安排。

哪个学期实施访问，访问内容是什么，访问的时间多长等，均由学校统一做好计划并组织实施。在实施过程中，学校会给你或者你的访问团队出具相关证明，或者由职业指导老师亲自带队完成。这种方法便捷有效，个人需要做好自己的计划并服从统一的安排。

（2）个人自主选择。

①用人单位信息收集

主要是通过学校、老师、校友，或者网络资源，收集你所学专业对应的企业情况，建立用人单位信息库。

②电话或网络访问

虽然不是最好的访问办法，但快捷、信息量大。展开访问前，应该选取一个被访问单位的相关信息，拟定问题，拨通电话或者发送访问邮件，进行相关的询问。

③实地访问

虽然比较烦琐，但访问结果真实可靠。展开访问前，也应该准备好相关信息和访问问题，并准备一份问卷和一张答案纸，在访问过程中随时记下答案。

④进入单位实习

经过个人选择或者别人介绍等方法，进入用人单位实习，在实习过程中，记录实习见闻和体会，收集实习单位的相关资料，撰写实践总结报告或者某一项市场调查报告。

2. 制订具体目标

①明确市场对人才的要求。

②明确专业与对应职业的基本要求。

③收集处理各类单位用人信息。

④修正、完善个人的职业生涯设计方案。

3. 确定评估考核办法

访问用人单位过程以及结束后，我们需要选择合适的办法评估考核我们的访问效果，评估考核办法一般有：

①收集并整理相关单位信息库：在访问之前，应该尽可能多地收集你的专业对应用人单位的情况，建立用人单位信息库。

②撰写市场调查报告：针对企业经营情况，发展方向，人力资源管理等情况，撰写调查报告。

③递交访问单位信息反馈表：企业根据你的表现进行客观评价。

④修正职业生涯设计方案：根据访问调查情况，修正职业生涯设计方案，以便调整既定的目标和行动计划。

4. 收集相关结果与资料

①个人工作与访问日记：用于记录一些细节和报告中不易表现的内容。

②撰写社会实践报告：总结社会实践的意义、过程和体会。

③市场调查报告：针对某一问题进行相关的市场调查，总结情况，分析市场动向（表 6–4）。

表 6–4 市场调查报告

市场调查报告	
姓名：	专业班级：
调查报告名称：	
调查报告内容	

④走访用人单位反馈表：用人单位对人才的综合评价与考核（表 6–5）。

表 6–5 用人单位反馈表

用人单位反馈表				
学生姓名：	专业班级：			
用人单位名称：				
用人单位地址：				
项目评估 / 项目标准	好	较好	一般	较差
礼仪				
表达能力				
沟通能力				
抗挫能力				
收集信息能力				
反馈信息能力				
用人单位对学生总体评价和建议 负责人签名 单位公章 年 月 日				

三、进行人才市场调查

（一）进行人才市场调查的意义

随着社会的发展，人才市场的人才中介服务体系趋于完善，必将成为人们就业的主渠道，成为毕业生与企业进行“供需见面”、进行“双向选择”服务的主要场所。由于绝大多数毕业生不具备丰富的社会实践经验，对人才市场缺乏了解，过分依赖学校，掌握信息比较单一，因此，很多人不能很好地适应人才市场的需求。只有走进人才市场，了解就业形势和职业要求，才能积累实战经验，进一步明确择业方向，减少盲目性、投机性和依赖性。

（二）进行有效的人才市场调查的程序

1. 选择合适的方法

（1）由学校统一安排调查地点

学校根据当地的人才市场情况，进行必要的筛选，在老师统一指导下，筹划好访问的单位、访问的内容和访问的时间等，进行电话、网络或者实地调查。

（2）个人自主选择

①收集准确的信息

主要是通过学校和老师，收集所在地区或者个人意向地区的人才市场情况，建立信息库。

②网络调查

确定求职意向，准备求职资料后，选取几个求职网站，注册个人资料并经常进行更新，密切关注就业动向。

③实地调查

根据个人所掌握的信息，选择几个合适的人才市场，进行观摩和现场应聘，填写调查情况表。

2. 制订人才市场调查的目标

①明确所应聘岗位的职责和要求。

②学会整理求职材料。

③学会筛选就业信息和就业渠道。

④熟悉用人单位招聘的流程。

⑤修正和完善个人的职业生涯设计方案。

3. 确定评估考核办法

①收集并整理相关人才市场的资料。

学习期间，应该尽可能多地收集所在地区和毕业意向地区的人才市场资料，建立信息库。

②撰写市场调查报告。

针对人才市场的情况，了解市场对人才的需求，准备求职资料，学习求职面试的过程和技巧，撰写市场调查报告。

③准备求职资料。

准备好个人求职信、求职简历和求职辅助资料。

④利用网络求职点击率。

求职网站的选择、个人注册的相关资料，必要的信息更新等，对点击率都有很大影响，应该给予重视。

⑤撰写求职面试总结报告。

针对实践情况撰写总结报告。

4. 收集相关结果与资料

①人才市场调查日记。

用于记录一些调查细节和调查报告中不易表现的内容。

②人才市场调查表。

真实记录调查情况，可参考表 6–6 所示。

表 6–6 人才市场调查情况示意表

<table>
<tr><th colspan="2">人才市场调查情况</th></tr>
<tr><td>姓名：</td><td>专业班级：</td></tr>
<tr><td>人才市场名称：
时间：
地点：</td><td></td></tr>
<tr><td>应聘岗位：
1.
2.
3.</td><td></td></tr>
<tr><td>描述岗位职责与要求：
1.
2.
3.</td><td></td></tr>
<tr><td>个人的求职优势</td><td></td></tr>
<tr><td>能力差距</td><td></td></tr>
<tr><td>改进办法</td><td></td></tr>
<tr><td colspan="2">人才市场调查的感想和收获</td></tr>
</table>

③面试效果评估表

根据个人调查情况，对个人或者他人面试情况进行客观评估，可参考表 6–7 所示。

表 6–7 面试效果评估表

面试效果评估表				
应聘人姓名：		应聘岗位：		
面试主持部门：				
基本素质评估依据：				
形象仪表	□较好	□可以	□欠佳	
证件检查	□真实	□假证	□不完全	□齐备
专业背景	□符合	□较符合	□不符合	
工作经历	□真实	□有假	□严重掺假	
有效经验	□符合	□较符合	□较少相关经验	
基本素质	□优秀	□良好	□一般	□不合格
求职动机：				
基本素质不足之处：				
评估等级：	□优秀	□良好	□一般	□不合格
特别说明：				
评估人：	部门职位：		初试时间：	

四、撰写社会实践调查报告

（一）社会实践调查报告

社会实践调查报告是调查报告的一种。作为学生，撰写社会实践调查报告的目的就是走出校门，深入社会、走进用人单位，了解社会发展的情况，了解职业发展要求，了解社会对人才的要求等，比较注重真实、具体、典型的事例，注重收集数据和资料，注重发现问题、分析问题和提出解决问题的办法，以促进个人树立职业理想、进行有效的职业生涯设计。

（二）撰写社会实践调查报告

1. 确定明确的主题

主题是社会实践报告的灵魂，对社会实践报告写作的成败具有决定性的意义。因此，确定主题要注意以下几点：

（1）报告的主题应与实践主题保持一致，比如关于“顶岗实习报告”“关于人才市场调查报告”，或者就某一问题进行的实践活动所撰写的报告，如“关于用人单位对人才素质要求的调查报告”等。

（2）进行调查和分析以后，需要根据结果，重新审定主题。

（3）主题宜小不宜大，宜集中不宜分散，必须与报告内容协调一致，避免文题不相符或文不对题。

2. 进行材料的取舍

对经过统计分析与理论分析所得到的系统的、完整的“调查资料”，在写作报告时仍需要进行精心的选择，没必要把所有的资料统统写上去，切不可眉毛胡子一把抓，一定要注意取舍。如何选择材料呢？

（1）选取与主题有关的材料。坚决去掉那些跟主题无关的，或者关系不大的、次要的、非本质的材料，促使主题更集中、更鲜明、观点更突出。

（2）注意材料点与面的结合。材料不仅要支持报告中的某个观点，而且还要相互支持，不能对立，努力形成文面上的“大气”。

（3）完成报告后，还应对报告所用材料进行比较、鉴别，进行再挑选，让每一份材料都发挥作用，以一当十。

3. 布局和拟定提纲

实践报告构思中的关键环节就是布局和拟定写作提纲。

布局反映在写作提纲上就是报告的“骨架”。拟定提纲的过程，实际上就是把实践材料进一步分类并进行构架的过程。构架拟定提纲必须围绕着主题，层层推进，环环相扣，纲目分明，层次也分明。

一般地，实践报告有“观点式提纲”，也就是把调查研究中所形成的观点按逻辑关系一一地罗列出来，写下来；另一种是“条目式提纲”，即按报告层次意义的表达，进行章、节、目分类，逐一地写成写作提纲。也可以将这两种提纲结合起来制作写作提纲。

4. 起草社会实践报告

这是社会实践报告写作的行文阶段。要根据已经确定的主题、选好的材料和写作提纲，有条不紊地进行写作。在写作的过程中，要从实际需要出发选用报告的书面用语，灵活地进行段落划分。行文时还应该要注意以下几个问题：

（1）报告结构要合理。

实践报告应该根据报告需要包含必要的结构，一般要具备标题、导语、正文、结尾和落款等。如果报告比较正式，还应该包括中英文摘要、作者信息、参考文献、附录等内容。

①标题：往往是一句话，反映报告所研究或反映的问题。

②导语（前言）：开宗明义地说明报告的目的、意义、任务和方法等。

③正文：报告内容，通过叙述、图表、数据、有关文献等资料，用纲目、篇、章、节等形式把主体内容有条理地、准确地表述出来。

④总结：结论和建议。

⑤落款：作者以及写作日期。

⑥附录：有必要的时候，可以把调查工具或部分原始资料附在实践报告后面，供读者阅读。

（2）文字规范正确。

报告的文字要规范，观点正确，可读性强

（3）报告一定要通读易懂。

一篇优秀的实践报告必须注意对有关数据、图表、专业名词术语的使用，做到深入浅出，语言具有表现力，准确、鲜明、生动、朴实。

5. 定稿

社会实践报告起草好以后，要认真修改。主要是对报告的主题、材料、结构、语言文字和标点符号进行检查，加以修改和调整，最后定稿，有必要时还应报送相关部门。

◢ 案例

顶岗实习报告

我是一名学生，2021 年 7 月 30 日，我和同学们参加了顶岗实习，本次实习的内容是到东风集团做生产线操作工展。现在，两个月的顶岗实习生活很快就要结束了。这次顶岗实习让我受益匪浅，不断成长。现将有关情况总结如下：

一、岗位责任是一名员工走向成功的必经之路

作为一名毕业生，毕业后走向社会，大多是从事一线工作，有劳动性的，有营销性的，基本上都要从基层做起，这是每一位高技生的必经之路。每一个岗位都有其特有的作用，干一行，爱一行，专一行，是一种岗位责任，是一种职业品质，所有的用人单位都十分注重员工的这种品质。可以说，这种品质可以促进我们成功。作为一名实习生，我在实习单位的领导和其他前辈的指导下，深切体会到岗位责任意识的重要性。也能够更加深切地体会到，作为一名在校生，必须顶岗深入到生产一线进行脚踏实地的工作，兢兢业业地去做，只有这样，才能磨炼和增强个人的岗位责任感，这是现代社会对高技生的基本要求。

二、学会学习是一名年轻员工成长的基本条件

年轻员工必须拥有较强的学习能力，要有一套系统的学习方法和遇到问题自己能通过相关途径自行解决能力。这次顶岗实习，在工作中遇到了不少问题，并不是每一种情况我们都能把握的。往往在这种时候，向师傅们虚心学习，向工作经验丰富的人学习，显得非常重要。另外，就是通过自学，在没有别人帮助的情况下，通过努力，寻找相关途径来解决问题。这种学习的能力在实际工作中显得十分

重要。

三、良好的人际交往能力是员工必备的素质

在工作之中不只是同技术、同设备打交道，更重要的是同人的交往，所以，一定要掌握好同事之间的交往原则和社交礼仪。这也是我们平时要注意的。我在这方面得益于在校学生会的长期锻炼，使我有一个比较和谐的人际关系，为顺利工作创造了良好的人际氛围。另外，在工作之中自己也有很多不足的地方，例如：缺乏实践经验，缺乏对相关行业标准的了解等。因此，我常提醒自己一定不要怕苦怕累，在掌握扎实的理论知识的同时加强实践，虚心学习，尊重前辈，学会沟通与合作。个人的力量总是有限的，纵然有天大的本事，但别人不给你表现的平台，也是毫无意义的。

四、不断积累方能不断进取

增强社会经验，也是增加工作经验。一名毕业的学生在面对用人单位面试时，别人很自然要问到你有无工作经验，这道门槛拦住了不少学生。因此，顶岗实习不仅仅是一种劳动锻炼，更重要的是通过实践增强工作能力，增加工作中的沟通和适应能力，增强做人的才干。实践出真知，实践长才干。有了适当的.顶岗实习并能顺利拿到一份顶岗实习合格证，这对今后走向社会、应聘岗位无疑是非常有益的。

五、较好的工作能力还需要企业的科学管理技能

管理是一门科学，更是一门学问和艺术。科学的管理，能给企业插上腾飞的翅膀。我们这次选择的东风集团是一家大型企业，生产管理都是一流的，我们所接触的同事的素质也很高，操作熟练，工作作风严谨有序。集团总经理告诉我们：“欢迎你们到我们企业实习，实习工作一定会比较辛苦，但我相信，经过实习，这个企业较强的管理意识和科学的管理技能一定会影响你们每一个人。将来你们到任何一家企业工作，都能很好地适应并很快成长起来。”总经理的一席话，证明了管理出效益，管理出人才，管理促发展的硬道理。因此，我个人觉得到这样的优秀企业去磨炼，去锻炼，在实践中积累管理知识，学习做人的道理，很有意义。

短暂的实习就这样结束了，我们也即将走出学校，踏入社会。这段实习生活是一个很好的锻炼机会，让我真正体验到了学校和社会的差距，让我从一个学生转变为一个社会人。这样的飞跃对我个人的成长而言是极具现实意义的。我想我一定会更加努力工作，不断学习，实现岗位成才的理想！

李某某

××年××月××日

活动设计

制定顶岗实习计划和目标

1. 活动目标

通过制定顶岗实习计划和目标，深刻理解顶岗实习的内涵和各项政策与规定。

2. 活动时间

建议 40 分钟。

3. 活动流程

（1）教师按照 6 ～ 8 人把学生划为一组，每组成员分工合作，查找相关信息。

（2）小组成员集体头脑风暴，通过小组内部讨论形成小组观点，共同制定本组的顶岗实习计划和目标。

（3）每个小组选出一名代表陈述本组的顶岗实习计划和目标，其他小组可以对其进行提问，小组内其他成员也可以回答提出的问题；通过问题交流，将每一个需要研讨的问题都弄清楚。

（4）教师进行分析、归纳、总结。

（5）教师根据各组在研讨过程中的表现，给予点评并赋分。

素养训练

1. 活动设置

你说我画

游戏步骤：

（1）教师准备好简笔画素材。

（2）请一名学生上台担任“传达者”，其余参与游戏的学生都作为“倾听者”。“传达者”看事先准备好的样图一两分钟，之后背对全体“倾听者”，下达画图指令。

（3）“倾听者”根据“传达者”的指令画出样图上的图形，“倾听者”不许提问。

（4）“倾听者”展示自己所画的图，“传达者”和“倾听者”谈自己的感受。

（5）再请一位学生上台担任“传达者”，随机抽取样图，背对“倾听者”传达画图指令。过程中允许“倾听者”不断提问。

（6）请“传达者”和“倾听者”谈自己的感受。

2. 自我提升

通过活动，试比较两轮过程与结果的差异，完成下表 6-8 所示。

表 6-8　单向沟通与双向沟通结果比较表

比较单向沟通与双向沟通的优缺点		
	单向沟通	双向沟通
优点		
缺点		
提升建议		

附录
就业政策及相关法规

毕业生就业政策是国家为毕业生就业而制定的行动准则，也是就业过程中毕业生应遵守的基本准则。了解国家、学校主管部门及其所在省乃至将要就业的地区和单位的有关就业政策规定是毕业生求职前的第一步，特别是在市场经济条件下，对于初步形成的毕业生就业市场，毕业生应面对现实，合理调整自我，树立正确的就业观念，以利于在激烈的人才市场竞争中获得成功。否则，盲目地去就业很可能事与愿违，甚至碰壁。

国家对毕业生的就业政策

一、涉及就业的一些概念

1. 双向选择

双向选择是指毕业生与用人单位直接见面相互选择的就业方式，即以毕业生和用人单位为主体的市场就业方式。“双向选择”是由原来的完全由国家计划分配，到毕业生自主选择的一种过渡性的就业形式。这是毕业生就业制度改革的目标之一，既是教育体制改革的要求，也是劳动人事制度改革的重要组成部分。具体做法是学校向毕业生出具推荐表，由毕业生通过人才市场或各种形式的供需见面会等途径与用人单位见面洽谈，双方达成一致意见后，签订双选合同或就业协议书，经学校和地方毕业生主管部门鉴定同意后，即可形成就业计划。

2. 人事代理

人事代理是在社会主义市场经济条件下产生的一种新型的人事管理方式。它是政府人事行政部门所辖人才流动机构为三资企业、私营企业、外商驻华机构、股份制企业、民办科研机构等无主管单位以及不具备人事权限的单位、要求委托代理的其他企事业单位、自费出国或辞职等方式流动后尚未落实单位的专业技术人员和管理人员，提供人事关系挂靠、档案保管，代办养老保险、大病医疗保险、失业保险等社会保险，代理专业技术职务申报等事务。

3. 用人单位

用人单位就是接受毕业生就业的各种各样的工作单位，包括各种企事业单位。

4. 就业信息

就业信息是一种特殊的信息，它是经过学校、用人单位、毕业生和各级毕业生就业机构进行搜索、传递、加工后，供各类毕业生和用人单位所使用的信息。

5. 就业方案

就业方案是指由毕业生个人通过双向选择与用人单位签订就业协议所确定的，或学校根据国家有关毕业生就业政策、就业计划与用人单位通过供需见面落实的具体就业计划等确定的，经上级主管部门批准的将毕业生对号入座地落实到具体用人单位的实施计划。它是学校执行国家毕业生就业计划的最后结果，也是派遣毕业生的依据。

6. 签证

签证指一个国家的行政机关在本国或外国公民所持的护照或其他旅行证件上的签注、盖印，以表示允许其出入本国国境或者经过国境的手续，也可以说是颁发给他们的一项签注式的证明。例如，毕业生与用人单位签订就业协议要经有关毕业生就业主管部门签证才能生效，也就是说毕业生就业主管部门要对就业协议中双方当事人的资格和协议内容是否真实、合法等进行审查与证明，经签证后的协议书才有法律效力。

二、毕业生就业的有关规定

1. 毕业生由学校和有关部门推荐，在国家政策指导下，通过人才劳务市场在多种所有制单位范围内自主择业。

2. 由学生与用人单位通过双向选择签订就业协议，就业协议经有关毕业生就业主管部门签证后生效。

3. 毕业生在所规定的派遣期内落实单位的，就业主管部门负责办理派遣手续。全民所有制单位接收的毕业生档案，原则上由所在单位管理。非全民所有制单位接收的毕业生档案一般由政府人事部门所属人才流动服务机构管理。

4. 在规定的派遣期内未落实单位的毕业生，原则上派遣回生源所在市、地、县，由当地毕业生就业主管部门和就业指导机构推荐或自行联系工作单位。其档案原则上由学校转到毕业生入学前户口所在地政府人事部门所属人才流动服务机构。由人才服务机构办理人事代理，毕业生可通过人才市场自主择业。

5. 原系农业户口的毕业生凡被城镇全民、集体企事业单位等录、聘用的，各地教育部门协商公安部门，按照有关规定办理“农转非”手续。

三、关于《就业报到证》签发和遗失后如何补办等问题的规定

1. 毕业生就业报到证由各省毕业生就业主管部门印制，当年学生毕业时由毕业生就业主管部门签发。毕业生就业报到证只能一人一份，由学校交给毕业生本人，连同就业通知书存入毕业生本人档案。

2.《就业报到证》是毕业生到接收单位报到、落户的凭证，报到后由用人单位保存。用人单位以报到证为依据，接收、安排毕业生工作，并接转毕业生的人事档案、户口迁移手续等。

毕业生落实就业单位的，在报到证签发的有效期限内到用人单位主管部门或用人单位报到，其中进省部署单位的直接到用人单位报到。在规定时间内未落实就业的，凭报到证回生源市、县人事部门，由当地毕业生就业主管部门帮助推荐，毕业生凭报到证委托当地政府人事部门所属人才交流机构实行人事代理，待落实就业单位后，再办理报到手续。

3. 毕业生对报到证要妥善保管，不论什么原因，凡自行涂改、撕毁的，报到证一律作废。一旦报到证不慎遗失，应及时在当地省级日报上声明作废，同时向学校报告，并提出补办申请，由学校凭本人申请和声明作废的报纸签署意见后，报原签发部门，经批准后予以补发。

四、《毕业证书》遗失后的补办规定

《毕业证书》是证明毕业生学历的有效证书，本人应妥善保存，谨防遗失。根据国家规定，《毕业证书》遗失后不能补发，遗失后可由本人向原学校申请，经学校查实后开具《毕业证明书》。《毕业证明书》由学校印封，其内容与《毕业证书》基本相同，贴本人免冠照片，加盖学校印章并编号。《毕业证明书》具有《毕业证书》的效力。出国时，使用者可由公证处公证。

五、毕业生办理户口的规定和户口迁移证明遗失后补办的规定

1. 办理户口的步骤

毕业生户口的转移，由学校户口管理部门到辖区公安机关按规定办理，公安部门按国家分配计划（或就业派遣报到证）上标明的毕业生就业单位地址办理户口迁出手续。毕业生不得自行指定迁移地址。

未落实就业单位的毕业生，其户口关系暂保存在学校，在规定时间内落实就业单位的按上述程序办理户口关系迁出、迁入手续；在规定时间内仍未落实就业单位的毕业生，由学校将户口关系转至家庭所在的乡、镇、街道。

2. 户口迁移证明遗失后的补办程序

户口迁移证明是毕业生到新接受地落户的凭证。在报到、落户前要妥善保管，谨防遗失。一旦遗失必须按下列程序办理补办手续。

（1）立即声明作废。

（2）向接收单位报告，并请其出具证明。

（3）向接收单位所辖区公安派出所报告，并请其出具因户口迁移证明遗失尚未落户的证明。

（4）毕业生本人向学校报告，并提出补办申请。

（5）学校有关部门凭上述资料，到原迁出部门补办毕业生的户口迁移证明。

六、毕业生接转组织关系的规定

已加入中国共产主义青年团或中国共产党的毕业生，在毕业离校时应办理党、团组织关系的转出手续，到用人单位报到后，应及时办理党、团组织关系的转入手续。具体程序如下：

1. 团组织关系的接转

（1）发放《团员证》的团员毕业生，在办理离校手续时，由学校团委在其《团员证》上直接写明转出时间和团费交纳时间，并加盖公章后将组织关系转出；报到后，凭《团员证》直接到用人单位团委办理团组织关系转入手续。

（2）发放《团员证》的团员毕业生，在办理离校手续时，由学校团委出具《中国共产主义青年团组织关系介绍信》将其团组织关系转出；报到后，凭学校团委出具的团委组织关系介绍信直接到用人单位团委办理团组织关系转入手续。

2. 党组织关系的接转

党员毕业生在办理离校手续时，由学校党委组织部门出具《中国共产党组织关系介绍信》，将其党组织关系转出；报到时，凭学校出具的组织关系介绍信直接到用人单位党委组织部门办理党组织转入手续。

参考文献

[1] 陈斯毅，薛飞翔，莫秀全. 职业素养 [M]. 北京：北京师范大学出版社，2021.

[2] 兰琳，胡永华，孙永旺. 职业素养提升 [M]. 镇江：江苏大学出版社，2021.

[3] 李华宾，张丽芳. 通用职业素养指导与训练 [M]. 北京：中国人民大学出版社，2020.

[4] 刘辉. 职业素养训练 [M]. 北京：机械工业出版社，2020.

[5] 吴凤友. 职业素养与就业指导 [M]. 北京：机械工业出版社，2018.

[6] 易涤尘. 学生人文素质修养 [M]. 上海：上海交通大学出版社，2012.

[7] 杨俭修. 职业素养提升 [M]. 北京：高等教育出版社，2011.